Paul Oskar Kristeller

ACHT PHILOSOPHEN DER ITALIENISCHEN RENAISSANCE

Petrarca, Valla, Ficino, Pico, Pomponazzi,

Telesio, Patrizi, Bruno

Übersetzt von Elisabeth Blum

Acta humaniora VCH

Prof. Dr. Paul Oskar Kristeller
423 West 120th St.
New York, N.Y. 10027

CIP-Kurztitelaufnahme der Deutschen Bibliothek
Kristeller, Paul Oskar:
Acht Philosophen der italienischen Renaissance :
Petrarca, Valla, Ficino, Pico, Pomponazzi, Telesio,
Patrizi, Bruno / Paul Oskar Kristeller. Übers. von
Elisabeth Blum. – Weinheim : Acta Humaniora, VCH, 1986.
Einheitssacht.: Eight philosophers of the Italian
renaissance ‹dt.›
ISBN 3-527-17505-9

Satz: Mitterweger Werksatz GmbH, D-6831 Plankstadt
Druck: betz-druck gmbh, D-6100 Darmstadt 12
Printed in the Federal Republic of Germany

Paul Oskar Kristeller

Acht Philosophen der italienischen Renaissance

Acta humaniora VCH

Francesco Petrarca, Lorenzo Valla, Pietro Pomponazzi, Marsilio Ficino, Giovanni Pico, Bernadino Telesio, Francesco Patrizi und Giordano Bruno waren die führenden Denker und Philosophen der italienischen Renaissance. Dieses Buch beschreibt ihre Biographien und Werke und schildert deren Bedeutung und Wirkungen in geistesgeschichtlichen Zusammenhängen. Ein abschließender Essay schlägt die Brücke vom Mittelalter über die Renaissance zur Neuzeit. Auf diese Weise werden die philosophischen Grundgedanken der italienischen Renaissance in mehrfachem Sinne lebendig.

Dieses Buch ist die deutsche Übersetzung eines erstmals 1964 in englischer Sprache erschienenen Werkes. Sein Inhalt beruht auf Vorlesungen über die philosophische Literatur der italienischen Renaissance, die der Autor viele Jahre lang an der Columbia University in New York gehalten hat. Für die Übersetzung hat der Autor den Text durch Hinweise auf neuere Literatur ergänzt.

Vorrede zur deutschen Ausgabe

Das Erscheinen dieses Buches in deutscher Sprache ist mir aus mehreren Gründen besonders lieb. Einmal habe ich nur in diesem Buch den Versuch gemacht, einige philosophische Grundgedanken der italienischen Renaissance an Hand ihrer Hauptvertreter und auf Grund der Texte in ihrem geistesgeschichtlichen Zusammenhang darzustellen, während ich mich sonst nur auf einzelne Denker und Schriftsteller, Motive und Strömungen oder auf Editionen und Bibliographien beschränkt habe. Der englischen Ausgabe (Eight Italian Philosophers of the Italian Renaissance, Stanford, Stanford University Press 1964) liegt eine Reihe von Vorträgen zugrunde, die ich im Jahre 1961 an der Stanford University gehalten habe. Diese Vorträge waren jedoch nur eine Auswahl und Zusammenfassung einer zweisemestrigen Vorlesung über die philosophische Literatur der italienischen Renaissance, die ich viele Jahre lang an der Columbia University gehalten habe, zuerst im Winter 1942–43 und zuletzt im Frühjahr 1976. Diese Vorlesungen habe ich als Ganzes niemals veröffentlicht.

Ich hoffe, daß das Buch für den deutschen Leser von einigem Interesse sein wird. Über die Geschichte und Literaturgeschichte der italienischen Renaissance sowie über die Geschichte ihrer Kunst und Musik ist auch auf deutsch in den letzten Jahrzehnten viel Wertvolles geschrieben und veröffentlicht worden, jedoch über ihre Philosophie zwar viele Einzelbeiträge, aber kaum etwas Zusammenfassendes. Mehrere wichtige Darstellungen der Renaissance behandeln eigentlich nur Cusanus, der gewiß einer der bedeutendsten Denker seiner Zeit war, oder die Theologen der Reformationszeit sowie die Begründer der modernen Naturwissenschaft, ohne auf die italienischen Humanisten, Platoniker, Aristoteliker oder Naturphilosophen näher einzugehen. An zusammenfassenden Darstellungen kenne ich eigentlich nur den dritten Band von Überweg, der für diese Zeit weniger komplett und zuverlässig ist als für die anderen Epochen der Philosophiegeschichte, sowie die deutsche Fassung von Garins Buch über den Humanismus, die vor der italienischen Ausgabe erschien und trotz ihres Titels die Philosophie der italienischen Renaissance im Ganzen behandelt. Das Buch ist wie alle Arbeiten des Verfassers von großer Bedeutung, doch ist es noch älter als meines und auch in der Auffassung von dem meinen vielfach verschieden.

Mein Buch ist vor mehr als zwanzig Jahren erschienen, und ein kritischer Leser könnte es deshalb leicht für veraltet halten. Ich habe aber meine Auffassung des Themas nicht wesentlich geändert (was man meiner Unwissenheit oder meinem Eigensinn zuschreiben mag) und habe es daher im Text und in den Anmerkungen unverändert gelassen. Nur die bibliographische Übersicht am Ende des Werkes habe ich neu bearbeitet, so daß die Literaturangaben so weit wie möglich dem jetzigen Stand der Forschung entsprechen, wenn sie auch keineswegs vollständig sind. Auf die neuere Literatur muß ich auch wegen einiger Einzelpunkte verweisen, an denen ich meinen Text berichtigen oder ergänzen muß. Für Vallas *De voluptate* oder *De vero bono* gibt es jetzt eine in zwei Auflagen gedruckte kritische Ausgabe von Maristella De Panizza Lorch und für Patrizis Poetik sowie für seine Briefe und kleinen Schriften vortreffliche Ausgaben von Danilo Aguzzi-Barbagli. Weitere kurze Schriften von Patrizi zur Verteidigung seiner Lehre sind von Paola Zambelli, von Frederick Purnell und von mir herausgegeben worden. Die Vorstellung, daß die Astronomen vor Patrizi und Tycho Brahe an körperlich solide Sphären glaubten, ist von Edward Rosen widerlegt worden, und der dem Philoponos zugeschriebene Kommentar zur Metaphysik des Aristoteles, der noch immer unediert ist, wird jetzt als das Werk eines unbekannten und viel späteren byzantinischen Autors angesehen. Aus neu gefundenen Dokumenten wissen wir jetzt, daß Ficino die niederen Weihen nicht in seiner Jugend, sondern erst kurz vor seiner Priesterweihe erhalten hat (*Marsilio Ficino e il Ritorno di Platone,* Ausstellungskatalog, Florenz 1984, S. 179–180, Nr. 147 und 148). Schließlich sind die lateinischen Gedichte Picos nicht nur von W. Speyer 1964 ediert worden, sondern auch ich habe dieselben Gedichte nach anderen handschriftlichen Quellen sowie einige weitere Gedichte herausgegeben (*L'Opera e il Pensiero di Giovanni Pico della Mirandola nella storia dell'umanesimo,* ed. A. Rotondò, Florenz 1965, Bd. I, S. 85–107; „The Latin Poems of Giovanni Pico della Mirandola, A Supplementary Note", in *Poetry and Poetics from Ancient Greece to the Renaissance, Studies in Poetry and Poetics, Studies in Honor of James Hutton,* ed. G. M. Kirkwood (Ithaca 1975), 185–206; „Giovanni Pico della Mirandola and His Latin Poems; A New Manuscript", *Manuscripta,* 20 (1976), 154–162).

Zum Schluß möchte ich all denen danken, die sich für die Veröffentlichung dieses Buches eingesetzt haben, vor allem den Kollegen und Freunden August Buck, Eckhard Kessler und Rudolf Schmitz. Frau Dr. Elisabeth Blum danke ich für ihre vortreffliche Übersetzung, Herrn Dr. Gerd Giesler von der Acta humaniora für die verständnisvolle Herausgabe des Bandes und der Stanford University Press für die Übersetzungserlaubnis.

New York, Columbia University, den 4. September 1985

Paul Oskar Kristeller

Inhalt

Kap. 1

PETRARCA

Im Jahre 1960 sind genau hundert Jahre vergangen, seitdem Jakob Burckhardt sein berühmtes Werk *Die Kultur der Renaissance in Italien* veröffentlichte, und man kann dies gewissermaßen als hundertjähriges Jubiläum der Renaissanceforschung bezeichnen. Betrachten wir die Entwicklung auf diesem Gebiet in diesem Zeitraum, so werden wir eine verwirrende Vielfalt von Ansichten und Interpretationen vorfinden und zugleich einen ansehnlichen Zuwachs an neuerschlossenen Fakten und Perspektiven, der noch lange nicht zu einem Abschluß gekommen ist. Wenn sich aber das von Burckhardt entworfene Bild auch erheblich verändert hat, so ist doch sein Buch noch nicht durch eine ebenso umfassende Gesamtdarstellung ersetzt worden, und viele Wissenschaftler sind sich heute darüber einig, daß Burckhardts Ansichten im Kern noch heute Gültigkeit haben, obwohl sie offensichtlich vielfach korrigiert und ergänzt werden müssen.

Eine der zahlreichen offenen Fragen, die Burckhardts Werk seinen Nachfolgern hinterlassen hat, betrifft die Stellung Italiens während jenes Zeitraums, den wir ungefähr zwischen dem frühen 14. und dem Ende des 16. Jahrhunderts ansetzen wollen. Während Burckhardt seine Untersuchungen auf Italien beschränkte, blieb es Historikern, die am Beitrag anderer europäischer Länder in dieser Periode interessiert waren, überlassen zu entscheiden, wie weit diese Beiträge eigenständiger Entwicklung oder italienischem Einfluß zu verdanken waren. Denn Burckhardts Ausgangsthese, nämlich daß Italien während der von uns betrachteten Zeitspanne eine hervorragende Stellung von einzigartiger Bedeutung einnahm, kann kaum in Zweifel gezogen werden, und diese Tatsache rechtfertigt im Verein mit den Grenzen meines Wissens meine Entscheidung, diese Vorträge auf eine Reihe italienischer Philosophen zu beschränken, obwohl man leicht eine Anzahl von Renaissancephilosophen aus anderen Ländern finden kann, die ebensoviel Anspruch auf unsere Aufmerksamkeit hätten.

Innerhalb des weiteren Gebietes der Renaissanceforschung ist die Philosophie dieser Epoche ein vergleichsweise vernachlässigtes Feld geblieben. Wer die Epoche in ihrer Gesamterscheinung erforschte, Burckhardt selber mit eingeschlossen, neigte dazu, weniger ihre Philosophie als ihre politische und Religionsgeschichte oder ihren Beitrag zu Literatur und Kunst, Naturwissenschaft und klassischer Bildung in Betracht zu ziehen. Andererseits haben sich die Philosophen, wenn sie sich mit der Geschichte ihres Fachs befaßten, traditionell auf die antike und die moderne Philosophie beschränkt und ihre Aufmerksamkeit erst ziemlich spät dem mittelalterlichen Denken zugewandt. Die umfangreiche Erforschung der Renaissancephilosophie durch Fiorentino, Dilthey, Cassirer, Gentile, Garin, Nardi und viele andere Gelehrte wird von den durchschnittlichen Anthologien, Lehrbüchern und Kursen zur Geschichte der Philosophie noch nicht genügend berücksichtigt, und darüber hinaus haben diese Wissenschaftler selber den Gegenstand noch lange nicht voll ausgeschöpft.

Die Gründe dafür sind leicht einzusehen. Die philosophische Literatur der Renaissance kann nicht mit so großen Namen von unzweifelhaft hervorragender Bedeutung aufwarten wie Platon, Aristoteles, Thomas v. Aquin oder Descartes. Außerdem hat die Bedeutung der Philosophie und ihr Verhältnis zu anderen Wissenszweigen in der Geschichte manche Veränderung erfahren, und wenn wir Inhalt und Aufgabe der Philosophie ausschließlich im Licht einer modernen philosophischen Richtung sehen, sei es des Pragmatismus oder der Analytischen Philosophie, des Existentialismus oder des Neuthomismus, werden große Gebiete des Denkens der Vergangenheit irrelevant, die sonst einen bedeutenden Teil der Philosophiegeschichte ausmachen könnten. Andererseits wird, wer sich mit allgemeiner Kulturgeschichte befaßt und die stilistische Einheit einer Epoche in allen ihren Kundgebungen zu erfassen sucht, leicht mit den Berufsphilosophen dieser Zeitspanne die Geduld verlieren, denn der Gebrauch einer bestimmten Terminologie und die Betonung bestimmter technischer Probleme scheint sie enger mit ihren Kollegen aus anderen Epochen zu verbinden als mit der geistigen Atmosphäre ihrer eigenen Zeit.

Trotz dieser Schwierigkeiten neige ich zu der Annahme, daß das Studium der Renaissancephilosophie sowohl für das Studium der Renaissance als auch der Philosophie und ihrer Geschichte von Bedeutung bleiben und sogar an Bedeutung zunehmen wird. Denn die Philosophie der Renaissance stellt wichtige Analogien und Quellen zum Verständnis von Kunst und Literatur, Religion und Wissenschaft der Epoche zur Verfügung und hilft dem Philosophiehistoriker, den Unterschied in der Perspektive zu verstehen, welcher beispielsweise Bacon und Descartes von Thomas oder Ockham trennt. Mit dem Versuch, einige der bedeutenderen

Denker dieser Epoche zu besprechen, werde ich hier nur einen sehr kleinen Ausschnitt eines weiten und überaus komplizierten Gebietes erfassen können, das noch eine Vielzahl zusätzlicher, zum Teil unerforschter Bereiche einschließt.

Die früheste und weitreichendste geistige Bewegung, die die Geschichte der Philosophie dieser Epoche beeinflußt hat, ist der Renaissancehumanismus. Die Bedeutung dieser Bewegung ist in letzter Zeit häufig diskutiert und verschiedentlich mißverstanden worden. Wenn wir zu einer angemessenen Interpretation gelangen wollen, müssen wir vor allem versuchen, uns von der ziemlich vagen Assoziation mit einer Betonung menschlicher Werte freizumachen, die der Begriff „Humanismus" in der heutigen Sprache bekommen hat. Außerdem erleichtert es nach meiner Erfahrung das Verständnis der Bedeutung des Humanismus für die Renaissance, von dem Begriff „Humanismus", der zu Beginn des 19. Jahrhunderts geprägt wurde, zurückzugehen zu den Begriffen „Humanist" und „studia humanitatis", von denen er abgeleitet wurde und die in der Renaissance tatsächlich verwendet wurden. Aus den Quellen der Zeit ersieht man deutlich, daß ein Humanist ein Lehrer der „studia humanitatis" war und daß der Begriff „studia humanitatis" für eine Gruppe von Disziplinen stand, die Grammatik, Rhetorik, Poesie, Historie und Moralphilosophie umfaßte.

Aus dieser Definition ersieht man, daß der Renaissancehumanismus in einem bedeutenden Aufschwung und einer Entwicklung der so verstandenen „studia humanitatis" bestand und jeder mögliche Einfluß auf andere Bereiche der Kultur, etwa auf Kunst und Literatur, Wissenschaft und Religion notwendig indirekter Art gewesen sein muß.

Außerdem glaube ich nicht, daß es möglich ist, den Renaissancehumanismus durch ein System spezifisch philosophischer Anschauungen zu definieren, die allen Humanisten gemeinsam wären, oder den Humanismus als ausschließlich philosophische Strömung zu betrachten oder gar, wie das einige Gelehrte versucht haben, als Summe der gesamten Renaissancephilosophie. Ein Großteil der Werke der Humanisten war eher gelehrt oder literarisch als philosophisch, selbst im weitesten Sinne des Wortes, und viele bedeutende Gelehrte oder Schriftsteller unter den Humanisten haben nicht einmal einen nennenswerten Beitrag zu dem Zweig der Philosophie geleistet, der als Teil ihres Fachgebietes galt, nämlich der Ethik. Andererseits haben verhältnismäßig wenige Humanisten direkt zu den philosophischen Disziplinen beigetragen, die außerhalb ihres Fachgebietes lagen, also zur Logik, Metaphysik oder Naturphilosophie, und diejenigen Denker, die die Hauptarbeit auf diesen Gebieten leisteten, kann man nicht einfach als Humanisten bezeichnen und einordnen, auch wenn sie oft von humanistischer, d.h. klassischer und literarischer Bildung durchdrungen und geprägt waren. Und wenn wir schließlich die Werke verschiedener Humanisten miteinander vergleichen, stellen wir fest, daß sie eine Vielzahl unterschiedlicher Ansichten und Standpunkte vertraten und der gemeinsame Nenner eher in einem Ideal von Gelehrsamkeit, Bildung und Stil und in dem Spektrum ihrer Themen und Interessen zu suchen ist als in der Zugehörigkeit zu irgendeiner bestimmten philosophischen oder theologischen Lehre.

Wenn wir also den Humanisten der Renaissance gerecht werden wollen, müssen wir im Auge behalten, daß sie nicht nur Denker, sondern auch Gelehrte und Schriftsteller waren und daß ihr Beitrag zur Philosophie, der für uns als Philosophiegeschichtler das Hauptanliegen sein muß, durch diese anderen außerphilosophischen Interessen ergänzt und mitgeprägt wurde. Es erscheint mir nicht als Nachteil, wenn ein Philosoph gleichzeitig andere geistige Interessen verfolgt, aber irgendwie sind wir daran eher gewöhnt, daß ein Philosoph zugleich Theologe oder Naturwissenschaftler ist, und müssen daran erinnert werden, daß es Philosophen gegeben hat, deren zusätzliche Ziele und Interessen eher auf geisteswissenschaftlichem und literarischem Gebiet lagen, und dies ist gerade bei den Renaissancehumanisten der Fall.

Daher können wir dann auch den mächtigen indirekten Einfluß würdigen, den der Renaissancehumanismus unabhängig von den spezifischen inhaltlichen Beiträgen auf die Philosophiegeschichte hatte. Wenn moderne Philosophen Aufsätze, Vorträge, Mitteilungen und Abhandlungen schreiben statt Quästionen und Kommentare, setzen sie unbewußt eine Tradition fort, die in der Moderne mit dem Renaissancehumanismus begann. Und wenn sie nicht nur Aristoteles in der Übersetzung und Thomas v. Aquin lesen konnten, sondern auch den griechischen Aristoteles, sowie Platon und viele andere griechische Philosophen im Original oder in der Übersetzung, verdanken sie diese Bereicherung ihrer philosophischen Bibliothek der von den Renaissancehumanisten geleisteten Arbeit.

Der Autor, mit dem wir unseren Überblick über einige ausgewählte Denker der Renaissance beginnen wollen, Petrarca, wurde oft der Begründer des Renaissancehumanismus genannt; ich würde es aber vorziehen, ihn als den ersten bedeutenden Vertreter dieser Bewegung zu bezeichnen, und wahrscheinlich war er der früheste Humanist, der das Denken seiner Zeit maßgeblich beeinflußte. Francesco Petrarca wurde 1304 in Arezzo als Sohn einer exilierten florentinischen Familie geboren. Im Alter von acht Jahren kam er nach Avignon. Nach einem Jurastudium in Montpellier und Bologna verbrachte er die Jahre zwischen 1326 und 1353 in Avignon, dem damaligen Sitz der päpstlichen Kurie. In dieser Zeit machte er mehrere lange Reisen nach Italien. 1353 zog er nach Italien und verbrachte den Rest seines Lebens in seiner Heimat, vor allem in Mailand, Venedig und Padua. Er starb in

Arquà bei Padua im Jahre 1374. Er hatte mehrere kirchliche Pfründen und genoß zudem Schutz und Förderung durch die Familien Colonna und Visconti, denen er wohl gelegentlich als Sekretär diente.

Heute verdankt Petrarca seinen Ruhm vor allem seiner italienischen Lyrik, die ihm einen bedeutenden Platz in der Weltliteratur verschafft hat, aber für Petrarca selber, seine Zeitgenossen und mehrere nachfolgende Generationen bis in das 16. Jahrhundert waren seine zahlreichen lateinischen Schriften genauso wichtig wie seine italienische Dichtung. Diese lateinischen Schriften sind sehr unterschiedlich in Inhalt und Form und für die humanistische Literatur repräsentativ. Es finden sich darunter lateinische Gedichte, Reden und Invektiven, einige historische Werke und eine umfangreiche Sammlung von Briefen, welche vom Autor ebenso sorgfältig aufgehoben, zusammengestellt und ediert wurden wie seine anderen literarischen Werke.

Eine letzte Gruppe seiner Werke gehört in das Gebiet der Moralphilosophie und ist daher für unseren Zweck von unmittelbarem Interesse. Zu diesen Schriften gehören der Dialog „Über die Heilmittel für Glück und Unglück" (*De remediis utriusque fortunae*, 1366) sowie die Traktate „Über den geheimen Konflikt meiner Sorgen" (*De secreto conflictu curarum mearum*, besser bekannt als *Secretum*, vollendet vor 1358), „Über das einsame Leben" (*De vita solitaria*, 1356) und „Über seine eigene und vieler anderer Leute Unwissenheit" (*De sui ipsius et multorum ignorantia*, 1367).

Vor allem in diesen Schriften und in seinen Briefen müssen wir nach Petrarcas philosophischen Gedanken suchen, mögen sie auch unmethodisch und in ihrem Gedankengang locker komponiert sein. Sein Denken besteht zum großen Teil aus Ansätzen und Tendenzen und nicht so sehr aus entwickelten Gedanken oder Lehren, und es ist untrennbar mit seiner Bildung und Lektüre, seinem Gefühl und seinem Geschmack verbunden. Trotzdem ist es von großer Bedeutung, sowohl für ihn als auch wegen des immensen Einflusses, den es auf mehrere Generationen von Humanisten haben sollte. Da Petrarcas philosophische Ansichten nicht systematisch dargestellt sind, müssen wir versuchen, sie aus einer Reihe verstreuter Aussagen zu rekonstruieren.

Ein wichtiger Aspekt in Petrarcas Denken, der von vielen späteren Humanisten bis hin zu Vives weiterentwickelt werden sollte, war seine feindliche Einstellung gegen die Scholastik, d.h. gegen die Universitätsbildung des Spätmittelalters. Er polemisierte gegen die Astrologie, die Logik und die Jurisprudenz und widmete ganze Schriften der Kritik an den Ärzten und den aristotelischen Philosophen. Aber diese Attacken, so weitausholend und mitreißend sie sind, dringen nicht sehr tief in die spezifische Problematik und Methodik der kritisierten Disziplinen ein;

sie sind in hohem Maß persönlich und subjektiv geprägt und spiegeln eher persönliche Konflikte und Rivalitäten Petrarcas mit einigen Vertretern dieser Fachrichtungen wider als unterschiedliche Auffassungen spezifischer Fragestellungen und Argumente. Wenn Petrarca die Autorität des Aristoteles oder seines arabischen Kommentators Averroes zurückweist, so geschieht das eher aus persönlicher Antipathie als aus sachlichen Überlegungen; und wenn er z.B. die Theorie von der Ewigkeit der Welt, der Erlangung vollkommener Glückseligkeit in diesem Leben oder der sog. doppelten Wahrheit (d.h. der voneinander unabhängigen Gültigkeit der aristotelischen Philosophie und der christlichen Theologie, eine Theorie, die von vielen Aristotelikern seiner Zeit vertreten wurde) kritisiert, ist sein Hauptargument, daß diese Lehren im Widerspruch zur christlichen Religion stehen.

Aber der positive Wert, den Petrarca der mittelalterlichen Wissenschaft entgegensetzte, war weder ein neues Wissenschaftsverständnis noch einfach religiöser Glaube, sondern das Studium der klassischen Antike, eine Aufgabe, der er sich seit seiner frühen Jugend mit großem Enthusiasmus gewidmet hatte. Petrarca war sein ganzes Leben lang ein unersättlicher und aufmerksamer Leser der antiken lateinischen Autoren: er kopierte und sammelte ihre Werke, versah sie mit Anmerkungen, versuchte ihren Text zu korrigieren und sich ihren Stil und ihre Gedanken anzueignen. Als er in Verona auf Ciceros Briefe an Atticus stieß, entdeckte er diese in den vorausgehenden Jahrhunderten fast unbekannten klassischen Texte wieder und leitete damit eine ganze Reihe ähnlicher Entdeckungen ein, um derentwillen Poggio und andere spätere Humanisten berühmt werden sollten. Die Lektüre der antiken lateinischen Schriftsteller und der Anblick der antiken Denkmäler Roms erweckte in Petrarca und vielen anderen italienischen Humanisten eine übermächtige Sehnsucht nach der politischen Größe der römischen Republik und des Imperiums, und die Hoffnung auf eine Wiederherstellung dieser Größe war der politische Zentralgedanke, der ihn in seinem Verhalten gegenüber Papst und Kaiser, Cola di Rienzo und den verschiedenen italienischen Staatsoberhäuptern leitete. Als er 1341 auf dem Kapitol zum poeta laureatus gekrönt wurde, glaubte er, daß eine antike römische Ehrung an seiner eigenen Person wiederbelebt würde. Daher widmete er seine Geschichtswerke und einige seiner Gedichte Gegenständen aus der römischen Antike, verwendete in Poesie und Prosa antike literarische Gattungen und versuchte, in Sprache und Stil die klassischen lateinischen Autoren nachzuahmen.

Unter den Dichtern galt seine Bewunderung vor allem Vergil, dem er in seiner Dichtung *Africa* nacheiferte und dessen *Aeneis* er im zweiten Buch seines *Secretum* allegorisch interpretierte, ein Verfahren, das mittelalterlichen Vorbildern folgte und von späteren Humanisten, wie z.B. Cristoforo Landino, fortgesetzt wurde.

Seine Lieblingsautoren unter den antiken lateinischen Prosaikern waren Cicero und Seneca. Seine Briefe und der Traktat *De remediis utriusque fortunae* sind in Stil und Inhalt beeinflußt von Senecas echten oder ihm zugeschriebenen Schriften. Sogar Petrarcas Polemik gegen die Dialektik und andere Zweige der scholastischen Bildung und seine Betonung ethischer Probleme scheint der gemäßigteren Skepsis nachempfunden zu sein, die Seneca in seinen *Epistolae morales* gegenüber der subtilen Dialektik der älteren Stoa äußert. Petrarcas Vorliebe für moralische Rhetorik und tränenreiche Todesbetrachtung ist Seneca näher verwandt als allen anderen klassischen Autoren, und ihm verdankt er offenbar die stoischen Elemente, die in seinen Schriften erkennbar sind: der Konflikt zwischen Schicksal und Tugend, der Gegensatz zwischen der Vernunft und den vier Grundformen der Leidenschaften im Traktat *De remediis utriusque fortunae* und die Verbindung zwischen Tugend und Glückseligkeit im *Secretum.*

Petrarcas Begeisterung für Cicero ist sogar noch größer. Im Traktat *De sui ipsius et multorum ignorantia* zitiert er ganze Seiten aus Cicero und bezeichnet sich, in Anlehnung an eine berühmte Stelle des hl. Hieronymus, als Ciceronianer.[1] Cicero verdankt Petrarca die literarische Form des Dialogs und einen Großteil seiner Kenntnisse der griechischen Philosophie. Man könnte sogar sagen, Petrarca und die anderen Humanisten verdankten ihrer Cicero- und Senecanachahmung nicht nur den eleganten Stil, sondern auch die glatte und manchmal oberflächliche Art ihrer Gedankenführung.

Da die wichtigsten Quellen der antiken Philosophie nicht lateinisch, sondern griechisch sind, ist es wichtig zu erfahren, welche Haltung Petrarca gegenüber der antiken griechischen Kultur einnahm und wieviel er von ihr wußte. Wie viele andere Humanisten nach ihm war sich Petrarca nicht über das Ausmaß der Abhängigkeit der römischen Kultur von den Griechen im klaren, aber die zahlreichen Verweise auf griechische Quellen in den Schriften seiner römischen Lieblingsautoren konnten ihm nicht entgehen. Daher unternahm er einen Versuch, die griechische Sprache zu erlernen, kam aber offenbar nicht weit genug, um die klassischen griechischen Autoren im Original lesen zu können. Dennoch erwarb er eine griechische Homerhandschrift, und dieses Manuskript diente als Vorlage für die erste Übersetzung dieses Dichters ins Lateinische. Die mittelalterlichen Übersetzer aus dem Griechischen ins Lateinische hatten sich auf die Theologie, Naturwissenschaften und aristotelische Philosophie konzentriert. Durch die Anregung einer Homerübersetzung bahnte Petrarca dem neuen humanistischen Interesse für die klassische griechische Poesie und Literatur den Weg.

Petrarcas beschränkte Griechischkenntnisse und sein vorrangiges Interesse an der griechischen Literatur hatten auch auf seine philosophische Tendenz und

Orientierung einen gewissen Einfluß. Er besaß nicht nur eine griechische Platonhandschrift, sondern er scheint auch im Verlauf seiner Sprachstudien einige der Dialoge im Original gelesen zu haben, und er behauptet, die verfügbaren lateinischen Platonübersetzungen, also *Timäus* und *Phädo*, gelesen zu haben. Ergänzt wurde seine unvollständige Kenntnis der platonischen Dialoge durch Informationen über bestimmte platonische Theorien, die er bei Cicero und anderen lateinischen Autoren finden konnte. So kennt er z.B. Platons Theorie von den drei Teilen der Seele (Vernunft, Mut und Begehrungsvermögen)[2] und übernimmt Platons Ansicht, daß es das moralische Ziel des Menschen sein sollte, die Seele von den Leidenschaften zu reinigen.[3]

Wichtiger noch als die Übernahme spezifischer platonischer Theorien durch Petrarca ist seine allgemeine Überzeugung, daß Platon der größte aller Philosophen sei, größer als Aristoteles, der für die mittelalterlichen Denker die wichtigste Autorität war. Platon ist der Fürst der Philosophie *(„princeps philosophiae")*, sagt Petrarca in seinem Traktat über die Unwissenheit[4]; Platon wird von den bedeutenderen Männern gepriesen, Aristoteles dagegen nur von einer größeren Anzahl.[5] Im *Triumph des Ruhmes*, wo die hervorragendsten Philosophen aufgeführt werden, heißt es: „Ich wandte mich nach links und erblickte Platon, der in dieser Gruppe dem Ziel am nächsten kam, das die erreichen, denen es vom Himmel vergönnt ist; dann kam Aristoteles, der Hochsinnige."[6] Diese Worte Petrarcas drücken das Verhältnis der Renaissance zu Platon ebenso deutlich aus wie Dantes vielzitierter Vers vom „Meister derer, die wissen" das des Mittelalters zu Aristoteles.[7] Petrarcas „Platonismus" war eher ein Programm und ein Ansatz als eine Lehre oder Durchführung, aber er war ein Anfang und ein Versprechen, wegweisend für spätere Entwicklungen wie die Platonübersetzungen der Humanisten und die platonische Philosophie der Florentinischen Akademie. Als zu Beginn des 16. Jahrhunderts Raffael seine „Schule von Athen" malte, hatte Platon gleichrangige Bedeutung wie Aristoteles erlangt und war ebenso bekannt.

Wie schon die zitierte Stelle aus dem *Triumph des Ruhmes* zeigt, wies Petrarca Aristoteles zwar nur den zweiten Platz zu, aber er war weit davon entfernt, ihn zu mißachten. Er betont seine eigene Vertrautheit vor allem mit der aristotelischen Ethik, und er vermutet, daß der originale Aristoteles besser sein könnte als seine mittelalterlichen Übersetzer und Kommentatoren. „Ich muß gestehen, daß ich von seinem Stil, wie er sich im Lateinischen darbietet, nicht sehr angetan bin, aber aus griechischen Zeugnissen und von Cicero erfahre ich, daß er in seiner eigenen Sprache wohlklingend, elegant und zierlich war... Aber durch die Unbeholfenheit oder den Neid der Übersetzer kam er zu uns in einem rauhen und groben Gewand."[8] Und in einem Angriff gegen seine scholastischen Widersacher bezichtigt sie Petrarca, sie „versteifen sich auf einen Aristoteles, den sie nur vom Hörensagen kennen,... und verdrehen sogar seine richtigen Gedanken zu irgendwelchen verqueren Bedeutungen."[9] Petrarca wußte nicht, daß sich Ciceros Lob für Aristoteles' Stil auf seine verlorenen populären Schriften bezog und daß seine erhaltenen philosophischen Werke auch im griechischen Originaltext weit davon entfernt sind, wohlklingend, elegant und zierlich zu sein. Aber wiederum wies Petrarca den Weg zu einer Neueinschätzung des Aristoteles, welche im 15. und 16. Jahrhundert bei Ermolao Barbaro, Melanchthon, Jacopo Zabarella und anderen ihren Ausdruck fand. Aristoteles sollte im griechischen Original und im Zusammenhang mit anderen griechischen Philosophen und Schriftstellern studiert werden. Die mittelalterlichen Aristotelesübersetzungen sollten durch neue humanistische Übersetzungen ersetzt werden (ein gewaltiges Unternehmen, wenn man die Autorität und Schwierigkeit dieses Autors mit in Betracht zieht, wie man noch an den Aristotelesübersetzungen in moderne Sprachen erkennen kann). Und die mittelalterlichen lateinischen und arabischen Kommentatoren sollten den antiken griechischen Kommentatoren und modernen Renaissanceinterpreten weichen, die in der Lage waren, Aristoteles im Originaltext zu lesen und zu verstehen. So wurde Petrarca zum Propheten sowohl des Renaissanceplatonismus als auch des Renaissancearistotelismus.

Obwohl Petrarca die klassischen Autoren gegen die mittelalterliche Tradition ausspielte, hatte er sich keineswegs vollständig von der unmittelbaren Vergangenheit gelöst. Der Übergangscharakter seines Denkens ist oft hervorgehoben worden, und in seinen Schriften gibt es sogar Spuren scholastischer Philosophie. Weit wichtiger jedoch ist seine Einstellung zum Christentum. Religiöser Glaube und Frömmigkeit haben eine Zentralstellung in seinem Denken und Werk, und über die Ehrlichkeit seiner Aussagen gibt es nicht den geringsten Zweifel. Sollte es je zu einem Widerspruch zwischen Religion und antiker Philosophie kommen, ist er bereit, zu den Lehren der ersteren zu halten. „Meines Herzens höchster Teil ist bei Christus", so sagt er.[10] „Im Denken oder Sprechen über die Religion, d.h. über die höchste Wahrheit, die wahre Glückseligkeit und das ewige Heil, bin ich gewiß weder Ciceronianer noch Platoniker, sondern Christ."[11] Die Ansichten aller Philosophen sind nur von relativem Wert. „Um wahrhaftig zu philosophieren, müssen wir vor allem Christus lieben und verehren."[12] „Ein wahrer Philosoph sein, bedeutet ausschließlich, ein wahrer Christ zu sein."[13] Das *Secretum,* in welchem Petrarca seine intimsten Gefühle und Handlungen religiöser Prüfung unterwirft, ist durch und durch ein christliches Werk. Sein Traktat *De remediis...* mit der Todesbetrachtung, der demütigen Haltung angesichts des zukünftigen Lebens und der Betonung der Eitelkeit aller irdischen Güter und Übel ist ebenso christlich, und sogar spezifisch mittelalterlich. Sein Traktat *Über die Muße der Mönche*

(De otio religioso) gehört der asketischen Tradition an, und sogar seine Polemik gegen die Scholastik im Namen einer wahren und einfachen Religion ist eine Fortsetzung oder Wiederaufnahme jener Strömung im mittelalterlichen religiösen Denken, die von Petrus Damiani oder dem hl. Bernhard verkörpert wurde. In seinem Traktat über die Unwissenheit geht Petrarca sogar so weit, seine eigene Frömmigkeit gegen die angeblich unreligiösen Ansichten seiner scholastischen Gegner auszuspielen.

Aussagen dieser Art sind von einigen Historikern allzu wörtlich genommen worden und führten sie zu der übertriebenen und paradoxen Ansicht, der Renaissancehumanismus sei tatsächlich eine christliche und katholische Reaktion gegen die dem mittelalterlichen Aristotelismus innewohnenden häretischen Tendenzen gewesen. Ohne uns dieser Interpretation anzuschließen, können wir doch sagen, daß wir in Petrarca ein deutliches Beispiel dafür haben, daß es den Humanisten möglich war, die Scholastik zu verwerfen und dabei überzeugte Christen zu bleiben und ihre klassische Bildung mit ihrem religiösen Glauben zu vereinbaren. Er ist somit ein früher italienischer Vorläufer jenes „christlichen Humanismus", den heutige Historiker in den Werken von Colet, Erasmus, Morus und anderen Gelehrten aus dem Norden hervorheben. Und obwohl ein bedeutender Mediävist darauf beharrt, daß die scholastische Philosophie grundlegend christlich und die Renaissance das Mittelalter minus Gott sei, wird man seltsamerweise in Schriften der mittelalterlichen Scholastik vergeblich nach der Vorstellung einer „christlichen Philosophie" suchen: für sie, einschließlich des hl. Thomas v. Aquin, war die Theologie christlich und die Philosophie aristotelisch, und das Problem lag nur darin, wie beide zur Übereinstimmung gebracht werden konnten. Eine solche Vorstellung kann man nur bei einigen frühchristlichen Autoren finden und dann wieder bei den christlichen Humanisten der Renaissance, wie Petrarca und Erasmus.

Und noch in anderer Hinsicht ist Petrarcas Haltung typisch für die Weise, in der spätere Humanisten ihren religiösen Glauben mit ihrer klassischen Bildung in Einklang brachten: für sie sind die frühen christlichen Autoren, insbesondere die Kirchenväter, die christlichen Klassiker, deren Lektüre sie neben der der heidnischen Klassiker, unter Ausschluß der scholastischen Theologen, bevorzugen und auf die sie in ihren Ausgaben, Übersetzungen und Kommentaren die gleichen wissenschaftlichen Methoden anwenden, die sie für das Studium der antiken Schriftsteller entwickelt hatten. Petrarcas Lieblingsautor unter den christlichen Schriftstellern ist der hl. Augustinus, der für sein Denken und Werk von einzigartiger Bedeutung ist: eine Vielzahl von Zitaten ist in Petrarcas Schriften verstreut, aber es genügt, zwei bemerkenswerte Beispiele zu nennen. So ist das *Secretum,* in welchem er sein

Leben vom Standpunkt des Christentums aus untersucht, in seiner Form ein Dialog des Autors mit Augustin, welcher so die Rolle eines geistlichen Führers oder des eigenen Gewissens des Autors annimmt. Und in dem berühmten Brief, in welchem Petrarca die Besteigung des Mont Ventoux beschreibt, erzählt er, daß er, als er auf dem Gipfel angekommen die Gefühle auszudrücken suchte, die die herrliche Aussicht in ihm hervorgerufen hatte, die *Confessiones* des hl. Augustinus aus der Tasche zog, sie aufs Geratewohl aufschlug und auf einen Abschnitt stieß, der genau dem Anlaß angemessen war.[14]

Petrarca war zugleich mittelalterlich und modern und blickte, wie er selber einmal sagte, vorwärts und rückwärts zur selben Zeit, als stände er auf der Grenze zwischen zwei Ländern.[15] Nachdem wir Petrarcas Abhängigkeit von Antike und Mittelalter besprochen haben, müssen wir nun versuchen, die modernen Elemente in seinem Denken und seiner Einstellung zu beschreiben. Eines davon ist m.E. der im höchsten Maße persönliche, subjektive und individualistische Charakter aller seiner Schriften. Er schreibt über die verschiedensten Dinge und Ideen, im Grunde aber immer über sich selbst, darüber, was er gelesen und empfunden hat. Dieser hohe Grad von Selbstbewußtsein ist besonders deutlich in seinem *Secretum* und in seinen Briefen, und man kann sagen, daß Petrarca und die meisten späteren Humanisten den Brief als literarisches Genre bevorzugten, weil es ihnen dadurch möglich war, über alles in der ersten Person zu schreiben. Der subjektive Charakter von Petrarcas Schriften verweist auf einen bemerkenswerten Zug im Großteil der späteren humanistischen Philosophie und Literatur, welcher in einem der letzten und philosophischsten aller Humanisten, Michel de Montaigne, extremsten Ausdruck fand, der feststellte, eigentlich sei sein eigenes Selbst der Hauptgegenstand seines Philosophierens.

Eine weitere für die Renaissance typische Haltung war die Ruhmessucht, welcher Burckhardt einige eindrucksvolle Seiten seines Werkes gewidmet hat. Diese Leidenschaft verdammt Petrarca sowohl im *Secretum* als auch im Traktat *De remediis...*, aber die Wahl der Worte in diesen Abschnitten und seine Lebensgeschichte zeigen, daß er dafür sehr anfällig war. Ein weiteres Charakteristikum ist seine Neugier und Reiselust. Seine Erlebnisse und Beobachtungen auf seinen Reisen beschreibt er in mehreren seiner Briefe, und im Brief über die Besteigung des Mont Ventoux erzählt er, daß er diesen Ausflug unternahm, „nur aus Verlangen, die ungewöhnliche Höhe des Ortes zu sehen".[16] Daher beeindruckt mich das Argument eines verdienstvollen Wissenschaftshistorikers wenig, der Petrarca Originalität abspricht, da der mittelalterliche Philosoph Buridan denselben Berg einige Jahre früher bestiegen hatte.[17] Originalität besteht nicht allein in dem, was einer tut, sondern auch in der Art, wie er es tut, und in dem, was er sich dabei denkt. Buridan und Petrarca bestiegen denselben Berg, aber in verschiedener Geisteshaltung. Buridan wollte meteorologische Beobachtungen anstellen, und somit kann man in ihm einen Vorläufer moderner wissenschaftlicher Forscher sehen. Petrarca andererseits ging nur, um den weiten Ausblick zu sehen und zu genießen, und wurde so zum Vorläufer des modernen Tourismus, einer Strömung, der man zumindest beachtliche wirtschaftliche Bedeutung zugestehen muß.

Es gibt noch einige andere Haltungen, die Petrarca den modernen Intellektuellen vermachte, wie z.B. seinen Hang zur Einsamkeit und seine Melancholie. Dem Lob der Einsamkeit widmete er einen ganzen Traktat *Über das einsame Leben (De vita solitaria)* und eine Reihe von Briefen, und er wird nicht müde, die Annehmlichkeiten des zurückgezogenen Lebens zu preisen, das er in Vaucluse nahe Avignon und später in Arquà führte. Zwar war das Ideal der Einsamkeit bereits in der Tradition des mittelalterlichen Mönchstums verkörpert, und Petrarca führt auch tatsächlich das Beispiel von Mönchen und Eremiten an, aber sein eigenes Ideal ist nicht der Mönch, sondern der Gelehrte und Literat, der sich zurückzieht aufs Land, fort von den Städten mit ihrem Lärmen und Treiben, um ungestört zu leben und nach Lust zu lesen und zu meditieren. So kann man mindestens sagen, daß Petrarca das mönchische Ideal der Einsamkeit zu einem weltlichen und literarischen Ideal umformte, und in dieser Form war es vielen Dichtern, Schriftstellern und Gelehrten lieb und teuer, die immer noch, bis in unsere Tage, Wiesen und Wälder und die Ufer von Flüssen und Seen den Straßen und Autobahnen, ja sogar den Elfenbeintürmen vorziehen.

Ein anderes Geschenk Petrarcas an den modernen Intellektuellen ist seine Melancholie. Petrarca war vielen Launen unterworfen und drückte sie wortgewaltig in seinen Gedichten und Briefen aus. Seine besondere Besorgnis um seine eigene Melancholie ist fest verknüpft mit einer berühmten Stelle des *Secretum.* Dort spricht er von seiner „acidia“ als von einer Geistesverfassung, der er oft ausgesetzt ist und die zu überwinden ihn der hl. Augustin, sein christliches Gewissen, ermahnt.[18] Auch hierzu wurde bemerkt, daß die „acidia“ in die mittelalterlichen Lasterkataloge gehört und als ein Laster gilt, zu dem besonders Mönche neigen. Der mittelalterliche Terminus wird gewöhnlich mit „Trägheit“ wiedergegeben. Aber wiederum wurde ein Aspekt, der für das mönchische Leben charakteristisch gewesen war, von Petrarca zu einer Erfahrung umgewandelt, die für den weltlichen Literaten bezeichnend ist. Gleichzeitig weist nun, was vorher als Laster ohne alle mildernden Umstände galt, auch eine positive Seite auf, obwohl es, genauso wie Petrarcas Ruhmsucht, noch immer von seinem religiösen Gewissen verworfen wird. „Acidia“ wird jetzt definiert als mit Lust gemischtes Leiden.[19] Diese Beschreibung hat viele Wissenschaftler veranlaßt zu denken, daß das, was Petrarca unter „acidia“ versteht, nicht Trägheit ist (wie könnte man dies als Leiden, geschweige denn mit Lust vermischtes Leiden bezeichnen?), sondern Melancholie.[20] Die Bemerkung, daß das Leiden mit Lust gemischt ist, enthält ein wertvolles Zugeständnis. Sie enthüllt, daß der melancholische Gelehrte und Poet leidet und gleichzeitig sein Leiden genießt. Was dieses subtile und komplexe Gefühl anbelangt, sollte Petrarca viele Nachfolger haben, aber die meisten von ihnen sind eher bereit, von ihrem Leiden zu sprechen als zuzugeben, daß sie es auch genießen. Petrarca leistete also einen Beitrag zur Säkularisierung nicht nur der Inhalte des Wissens, sondern auch der persönlichen Haltung der Gelehrten und Schriftsteller; aber im Gegensatz zu seinen Nachfolgern zögert er, da religiöse Skrupel ihn zurückhalten.

Außer solchen allgemeinen Einstellungen gibt es mindestens ein weiteres theoretisches Problem, zu dem Petrarca Ansichten äußert, die denen vieler späterer Humanisten verwandt sind. Er behauptet wiederholt, daß der Mensch mit seinen Problemen der Hauptgegenstand von Denken und Philosophieren sein solle. Dies ist für ihn auch die Rechtfertigung für seine Betonung der Moralphilosophie, und wenn er die scholastische Wissenschaft seiner aristotelischen Gegner kritisiert, so geschieht das meistens mit der Begründung, daß sie nutzlose Fragen aufwerfen und dabei das wichtigste Problem, die menschliche Seele, vergessen. Dies ist die Textstelle, die Petrarca fand und zitierte, als er auf dem Gipfel des Mont Ventoux sein Exemplar der *Confessiones* des hl. Augustinus aufschlug: „Die Menschen gehen dahin und bewundern die Höhe der Berge, die großen Fluten des Meeres, die Küsten des Ozeans, die Bahn der Gestirne, und lassen sich selbst außer acht.“[21] Und dann fährt Petrarca fort: „Ich ärgerte mich über mich selbst, weil ich immer noch irdische Dinge bewunderte, ich der ich schon lange von den heidnischen Philosophen (d.h. von Seneca) gelernt haben sollte, daß nichts bewundernswert ist außer der Seele; wenn sie groß ist, ist nichts vor ihr groß.“[22] Diese Worte stammen von Petrarca und drücken seine eigenen Gedanken aus, sind aber bezeichnenderweise verwoben mit Zitaten aus Augustinus und Seneca.

Ähnliches lesen wir im *Traktat über die Unwissenheit:* „Sogar wenn all diese Dinge wahr wären, hätten sie für das glückliche Leben keine Bedeutung. Denn was würde es mir nützen, die Natur der Tiere, Vögel, Fische und Schlangen zu kennen und die Natur der Menschen zu verkennen oder zu mißachten, das Ziel, zu dem wir geboren sind, woher wir kommen und wohin wir gehen.“[23]

Hier finden wir zum ersten Mal die Betonung des Menschen, welche in den Traktaten von Facio und Manetti so beredten Ausdruck findet und in den Werken Ficinos und Picos ein metaphysisches und kosmologisches Fundament erhält. Dies ist der Grund, weshalb die Humanisten, angefangen mit Salutati, ihren Studien die

Bezeichnung „studia humanitatis“ gaben: um ihre Bedeutung für den Menschen und seine Probleme anzuzeigen.[24] Aber hinter Petrarcas Neigung, Morallehre gegen Naturwissenschaft zu setzen, stehen wieder Anklänge an Seneca und Augustinus und an Ciceros Satz, Sokrates habe die Philosophie vom Himmel auf die Erde herabgebracht. Wenn Petrarca vom Menschen und seiner Seele spricht, so verweist er zugleich auf das glückselige Leben und auf die Erlösung für die Ewigkeit und fügt seinem moralischen und menschlichen Anliegen einen deutlich christlichen Aspekt hinzu. „Es ist genug, so viel zu wissen, wie für die Rettung der Seele hinreichend ist“, meint er im *Traktat über die Unwissenheit*[25] und beharrt an einer anderen Stelle im gleichen Werk darauf, daß die Gotteserkenntnis Hauptziel der Philosophie sei: „Gott zu erkennen, und nicht die Götter, dies ist die wahre und höchste Philosophie.“[26] So verknüpft er schließlich Erkenntnis des Menschen und Erkenntnis Gottes auf deutlich augustinische Art und untersucht ein wichtiges Problem der scholastischen Philosophie, dessen Ursprung bei Augustinus liegt: die Frage, ob der Wille oder die Vernunft übergeordnet sei. „Es ist sicherer, einen guten und frommen Willen zu entwickeln, als einen fähigen und klaren Verstand. Das Objekt des Willens ist die Güte, das des Verstandes die Wahrheit. Es ist besser, das Gute zu wollen als das Wahre zu wissen... Daher befinden sich all die im Irrtum, die ihre Zeit damit vertun, Gott zu erkennen, statt ihn zu lieben. Denn Gott kann in diesem Leben keineswegs voll erkannt, wohl aber fromm und innig geliebt werden... Zwar kann man nichts lieben, das völlig unbekannt ist, aber es genügt, Gott und die Tugend bis zu einem gewissen Punkt zu kennen (da wir sie nicht darüber hinaus kennen können), solange wir nur wissen, daß ER die Quelle aller Güte ist, von DEM und durch DEN und in DEM wir gut sind, sofern wir gut sind, und daß nach Gott die Tugend das beste ist.“[27] So diskutiert Petrarca ausführlich das scholastische Problem von Wille und Verstand und folgt sogar, wie auch andere Humanisten und Platoniker nach ihm, der augustinischen Tradition, indem er die Frage zugunsten der Überlegenheit des Willens über den Verstand entscheidet.

Petrarca, der große Dichter, Schriftsteller und Gelehrte, ist offensichtlich eine doppeldeutige und einen Übergang bezeichnende Gestalt, wenn man ihn aufgrund seiner Rolle in der Geschichte der Philosophie beurteilt. Sein Denken besteht eher in Ansätzen als in voll entwickelten Lehrmeinungen, aber diese Ansätze wurden von späteren Denkern weiterentwickelt und manchmal in ausgearbeitete Lehren umgewandelt. Sein intellektuelles Programm kann in die Formel zusammengefaßt werden, die er einmal in dem Traktat *Über die Unwissenheit* verwendet: Platonische Weisheit, Christlicher Glaube, Ciceronianische Beredsamkeit.[28] Seine klassische Bildung, sein christlicher Glaube und seine Kritik der Scholastik sind alle von persönlicher und in einem bestimmten Sinn moderner Art. Gleichzeitig ist alles, was er sagt, vom Einfluß seiner antiken Quellen und oft auch von Residuen mittelalterlichen Denkens durchdrungen. Das Alte und das Neue sind unentwirrbar miteinander verflochten, und wir sollten es vermeiden, die eine oder die andere Seite ausschließlich hervorzuheben, wie es oft getan wurde. Wir können nicht einmal sagen, daß im Zusammenhang seines Denkens das Alte unwesentlich und nur das Neue wesentlich ist. Wenn wir ihm gerecht werden wollen und die ihm eigene Wesensverfassung verstehen wollen, müssen wir das Alte wie das Neue als gleich wesentliche Komponenten seines Denkens und seiner Weltanschauung akzeptieren. In dieser wie in mancher anderen Hinsicht ist Petrarca ein typischer Vertreter seines Zeitalters und der humanistischen Bewegung. Wir können sogar einen Schritt weiter gehen: Petrarca hat nicht nur spätere Entwicklungen der Renaissance vorweggenommen, weil er außergewöhnlich begabt und weitblickend war, er hatte auch einen aktiven Anteil an ihrer Entstehung dank der gewaltigen Anerkennung, die er bei Zeitgenossen und unmittelbaren Nachfolgern genoß. Wie die meisten philosophischen (und politischen) Propheten war er einer von denen, die die Zukunft voraussahen, weil sie halfen, sie in die Wege zu leiten.

Kap. 2

VALLA

Die ersten hundert oder hundertfünfzig Jahre nach Petrarcas Tod bilden in der Geschichte der italienischen und europäischen Kultur eine sehr wichtige Epoche. In diesem Zeitraum erlangte der Renaissancehumanismus, dessen erster bedeutender Vertreter, wenn nicht sein Gründer, Petrarca gewesen ist, den Höhepunkt seiner Entwicklung und seines Einflusses. Die Bildungsideale des Humanismus, die in zahlreichen Traktaten über die Erziehung ihren Niederschlag gefunden hatten, wurden in den von Guarino, Vittorino und vielen anderen gegründeten Schulen in die Praxis umgesetzt. An den Universitäten und in vielen Städten, die keine Universität hatten, wurde mehr oder weniger regelmäßig fortgeschrittener Unterricht in den humanistischen Disziplinen – Griechisch mit eingeschlossen – angeboten und kam zu Popularität und Ansehen. Humanistische Gelehrte oder Laien mit humanistischer Ausbildung waren in leitenden Stellungen in den Kanzleien der päpstlichen Kurie sowie der Florentinischen Republik und vielen anderen Staaten und Städten und ebenso unter den Beratern der Fürsten und Republiken zu finden. Auf diese Weise begannen die Humanisten, politische Meinung und politisches Leben dieses Zeitraumes zu beeinflussen, und die Art, wie Leonardo Bruni, langjähriger Kanzler von Florenz und ein führender Humanist seiner Generation, den republikanischen Idealen seiner Stadt literarischen Ausdruck verlieh, hat zu Recht viel Aufmerksamkeit erregt. Außer den professionellen Humanisten brachte die humanistische Erziehung eine große Gruppe gebildeter Staatsmänner und Geschäftsleute hervor, die sich entweder aktiv an der wissenschaftlichen und literarischen Tätigkeit der Humanisten beteiligten oder sie durch kompetente Förderung ermutigten und die ein wohlwollendes Publikum darstellten.

Die Bedeutung der gelehrten und literarischen Leistungen der Humanisten des 15. Jahrhunderts ist, zumindest für ihre eigene Epoche, allgemein anerkannt, aber der ungeheure Umfang dieser Aktivitäten ist noch kaum ins Bewußtsein gedrungen, da so viele humanistische Schriften in den unerforschten Handschriftensammlungen der westlichen Welt verborgen und begraben liegen. Auf dem Gebiet der lateinischen Studien entdeckten die Humanisten eine Anzahl klassischer Schriften wieder und sorgten für eine weitere Verbreitung anderer; sie retteten und verbreiteten die Texte durch Abschriften und Editionen (die Erfindung des Buchdruckes fällt in diese Zeit) und legten ihre Bedeutung in gelehrten Kommentaren klar. Beim Studium der antiken Quellen entwickelten sie die Techniken der Textkritik und der historischen Kritik; sie erforschten Orthographie, Grammatik, Stil und Metrik des klassischen Lateins und stellten sie wieder her; sie erweiterten die Kenntnis der antiken Geschichte und Mythologie; und sie entwickelten Hilfswissenschaften wie z.B. Archäologie und Epigraphik. Sie führten auch die humanistische Schrift ein, die die Grundlage unserer heutigen Schreib- und Druckschrift ist, indem sie die karolingische Minuskel imitierten, die sie irrtümlich für die der antiken Römer hielten; und sie schufen die sog. „humanistische Kursive", von der unsere Kursivschrift stammt.[1]

Im Bereich der griechischen Studien übernahmen die Humanisten das Erbe der byzantinischen Gelehrten, und ihnen verdanken wir die Einführung der griechischen Studien in Westeuropa. Griechische Manuskripte wurden aus dem Osten in die westlichen Bibliotheken gebracht; griechische Klassiker wurden kopiert, gedruckt und interpretiert; und die Methoden der grammatischen und historischen Wissenschaften wurden erweitert und auf die klassischen griechischen Autoren angewandt. Das umfangreiche Korpus der klassischen griechischen Literatur, dem Westen im Mittelalter weitgehend unbekannt, wurde den westlichen Gelehrten vertraut, zum Teil durch das Studium der Originale in Schulen und an Universitäten, zum Teil durch eine wahre Flut neuer lateinischer und volkssprachlicher Übersetzungen. Es ist nicht übertrieben zu behaupten, daß die Humanisten des 15. Jahrhunderts den Grund für die klassischen, philologischen und historischen Wissenschaften der Moderne gelegt haben und als erste den Sinn und die Methode der kritischen Wissenschaft zu entwickeln begannen, die seitdem kennzeichnend für diese Forschungsrichtungen sind.

Aber die Humanisten waren nicht nur Wissenschaftler, sondern auch Schriftsteller, und in gewissem Sinne war ihre klassische Gelehrsamkeit die Magd ihrer literarischen Ambitionen. Man kann sagen, daß sich beide Tendenzen in ihren historiographischen Werken das Gleichgewicht hielten. Aber in ihrer umfangreichen lateinischen Dichtung, die alle Genres umfaßt, von lyrischer und bukolischer Dichtung über historische, mythologische und didaktische Epik bis hin zu Komödie und Tragödie, und es besonders bei Elegien und Epigrammen zu hervorragenden Leistungen brachte, dient die klassische Bildung nur als ein notwendiges Werkzeug zur Nachahmung antiker literarischer Vorbilder.

Dasselbe gilt für die unermeßliche Prosaliteratur, welche die Humanisten hervorbrachten. Sie besteht aus Reden, einem Genre, für das das soziale und institutionelle Leben jener Epoche viele Gelegenheiten bot; ferner aus Briefen, die mit literarischer Intention verfaßt wurden und ein bevorzugtes Genre waren, denn sie erlaubten es dem Schreiber, über jedes Thema auf eine ganz persönliche Art zu berichten; und schließlich aus Dialogen und Traktaten, die zumeist Fragen der Moralphilosophie behandelten, aber nach und nach zur Diskussion von Problemen jeder Art benutzt wurden.

Um die Mitte des 15. Jahrhunderts gelangten humanistische Bildung und Literatur, wie sie sich in Italien entwickelt hatten, allmählich zu einem kontinuierlichen und alle Bereiche durchdringenden Einfluß in anderen europäischen Ländern, obwohl natürlich Anzeichen für einen solchen Einfluß schon lange vorher erkennbar gewesen waren. Die Verbreitung des italienischen Humanismus ist einerseits den italienischen Gelehrten zu verdanken, die Gelegenheit hatten, ins Ausland zu reisen oder dort zu leben, andererseits den ausländischen Studenten, die ihre Ausbildung an italienischen Schulen und Universitäten erhielten. Dieser Einfluß ist ein allzu komplexes Phänomen, als daß man ihn hier im Einzelnen besprechen könnte; es möge genügen, wenn man feststellt, daß der Renaissancehumanismus, obgleich italienischen Ursprungs, auf ganz Europa eine starke Auswirkung hatte.[2]

Ebenso wichtig und vielleicht noch weniger verstanden ist eine weitere Entwicklung um die Mitte des 15. Jahrhunderts. Ungefähr um diese Zeit begann der Einfluß der humanistischen Bildung außerhalb des Umkreises der „studia humanitatis", die ihre ursprüngliche Domäne waren, spürbar zu werden und in alle anderen Bereiche der damaligen Kultur vorzudringen. Dies betraf insbesondere die übrigen Wissenschaften, die an den Universitäten gelehrt wurden, die vom Hochmittelalter ihren Ursprung und ihre Traditionen herleiteten.

Der Humanismus befaßte sich, wie wir bei Petrarca bereits gesehen haben, von Anfang an mit Problemen der Moral. Andererseits war seine Einstellung zu Disziplinen wie Theologie, Jurisprudenz, Medizin, Logik, Naturphilosophie und Metaphysik von Mißtrauen und Polemik und auch von Unwissenheit geprägt und spiegelte weitgehend die Rivalität der verschiedenen Disziplinen und Interessen wider. Die Lage begann sich zu verändern, als praktisch jeder gebildete Mensch zunächst eine humanistische Ausbildung hinter sich hatte, bevor er irgendeine andere Disziplin studieren konnte. Das brachte es mit sich, daß die verschiedensten Formen von Kombinationen und Kompromissen zwischen den humanistischen und „mittelalterlichen" Berufsinteressen möglich wurden. Neben dem Eindringen neuer Ideen und neuer Probleme hatte die humanistische Bildung auf die anderen Disziplinen eine fermentierende Wirkung: sie machte vorher unbekannte klassische

Quellen bekannt, behandelte die bereits bekannten Quellen mit einer neuen philologischen und historischen Methode und führte neue Arten des Argumentierens, der Terminologie und der literarischen Darstellung ein. In diesem Sinne müssen wir das humanistische Element in der Theologie des Colet, des Erasmus und der protestantischen und katholischen Reformatoren, in der Jurisprudenz Alciatis und der Französischen Schule und in der Mathematik und Medizin des 16. Jahrhunderts verstehen.

Der Einfluß des Humanismus auf das philosophische Denken und die philosophische Literatur dieser Epoche muß nach analogen Leitlinien verstanden werden. Einer der wesentlichen Faktoren ist die Einführung neuer klassischer Quellen und die Neuauslegung und Neubewertung der bereits bekannten. Von den lateinischen philosophischen Quellen waren Seneca, Boethius und das meiste von Cicero gut bekannt gewesen, aber jetzt wurden sie auf eine andere Art gelesen und benutzt; Ciceros *Academica* und die Werke des Lukrez, welche vorher nicht bekannt gewesen waren, wurden eingeführt und bildeten eine wichtige Ergänzung.

Noch bedeutender war die Veränderung, was die Kenntnis der griechischen philosophischen Quellen anbelangt. Diejenigen, die vorher bekannt gewesen waren, vor allem Aristoteles, wurden neu übersetzt, in einem anderen Stil und anderer Terminologie, und die griechischen Originaltexte wurden zugänglich gemacht. Darüber hinaus wurde ein umfangreiches Korpus anderer Autoren und Schriften erstmals ins Lateinische übersetzt: die meisten Werke Platos und der Neuplatoniker, von denen nur wenige im Mittelalter dem Westen zugänglich gewesen waren; die griechischen Aristoteleskommentatoren, von denen vorher nur eine kleine Auswahl verfügbar war; Epiktet und Mark Aurel, die Vertreter der späten Stoa; Diogenes Laertius, der Kenntnisse über alle philosophischen Schulen der Antike vermittelte, insbesondere auch über Epikur; Sextus Empiricus, die Hauptquelle für den Skeptizismus, von dem nur sein kürzerer Traktat im 13. Jahrhundert übersetzt worden war, ohne viel Aufmerksamkeit zu erregen; weniger systematische Autoren wie Plutarch und Lukian, die sich während der Renaissance und später großer Beliebtheit erfreuen sollten; und schließlich die apokryphen Werke, die Orpheus, Pythagoras, Hermes Trismegistus und Zoroaster zugeschrieben wurden, eine weite Verbreitung erlangten und als wichtige Vermittlungsquellen für viele philosophische und theologische Ideen der Spätantike dienten. Hinzufügen kann man das Korpus griechischer Poesie, Rhetorik, Historiographie, Naturwissenschaft und Pseudowissenschaft und der frühchristlichen Theologie, die sämtlich philosophische Ideen enthielten und nun erstmals ganz zugänglich gemacht und assimiliert wurden.

Die Art, auf die dieses immense neue Material von den Humanisten und anderen Denkern der Renaissance benutzt wurde, ist von Fall zu Fall verschieden. Viele Humanisten waren Eklektiker nach Ciceros Manier und borgten Meinungen und Ideen aus einer ganzen Reihe von Autoren und Schulen, wobei ihr Geschmack und ihre Lektüre Hauptrichtschnur waren. Andere bekannten sich zu bestimmten antiken Denkern oder Traditionen und bezeichneten sich als neue Platoniker, Aristoteliker, Stoiker, Epikureer oder Skeptiker, ohne deswegen notwendig ihren antiken Vorläufern so treu zu folgen, wie sie meinten.

Außer durch seinen Klassizismus beeinflußte der Humanismus das Denken der Renaissance durch seine stilistischen und literarischen Gesichtspunkte. Traktate, Dialoge, später Essais und sogar Briefe und Reden traten an die Stelle der Quästionen und Aristoteleskommentare; und das Mißfallen an scholastischen Argumenten und Termini führte zu einer freieren, wenn auch manchmal weniger präzisen Ausdrucksweise für Ideen und Meinungen.

Schließlich führten die Humanisten auch ihre Vorliebe für bestimmte Probleme und Themen in die Philosophie ein. Wenn es auch schwer ist, bei ihnen Übereinstimmung in spezifischen philosophischen Lehrmeinungen zu entdecken, so ist es doch leicht, ihre gemeinsame Ausrichtung hinsichtlich einiger ihrer Lieblingsthemen, ihres Klassizismus und ihres Darstellungsstils zu erkennen. Die Betonung moralischer und menschlicher Probleme, besonders der Würde des Menschen und seiner Stellung im Universum, scheint eng verbunden mit dem zentralen Credo der Humanisten. Auch befaßten sie sich ausnahmslos mit den Problemen des freien Willens, des Schicksals, mit der Bedeutung von Geburt und Verdienst bei der Beurteilung des Adels eines Menschen und mit den Standardtopoi der antiken Ethik. Wenn sie sich über die Ethik hinaus in die anderen traditionellen Zweige der Philosophie hineinwagten, so waren sie bemüht, den Gegenstand mit größerer Klarheit und Einfachheit und in Übereinstimmung mit ihren bevorzugten antiken Autoritäten zu behandeln. Gleichzeitig gelang es ihnen, einige eigene neue Beiträge, besonders auf dem Gebiet der Logik, zu liefern.

Valla, dessen Werk wir nun kurz betrachten wollen, muß innerhalb dieses Rahmens gesehen werden. Er ist in vieler Hinsicht ein typischer Vertreter des italienischen Humanismus, erfreut sich aber eines besonderen Rufes und besonderer Auszeichnung sowohl wegen seines kritischen Geistes als auch wegen seines Beitrags zur Philosophie.

Lorenzo Valla wurde 1407 in Rom als Sohn einer ursprünglich aus Piacenza stammenden Familie geboren. Nach Studien in Rom lehrte er von 1429 bis 1433 Rhetorik an der Universität von Pavia. Nach einigen Wanderjahren wurde er 1437 Sekretär des Königs Alfons von Aragon, welcher damals gerade das Königreich

Neapel eroberte. 1448 kehrte er nach Rom zurück und wurde päpstlicher Sekretär und Professor an der Universität. Er starb 1457.

Vallas Schriften spiegeln eine Vielzahl von Interessen wider. Es sind Briefe darunter, eine Geschichte des Königs Ferdinand I. von Aragon (1445) sowie Übersetzungen der griechischen Geschichtsschreiber Herodot und Thukydides.[3] Seine Polemiken geben die lebhaften Kontroversen wieder, in die er mit einigen anderen Humanisten, wie z.B. Poggio, verwickelt war. Der berühmte Traktat, in welchem er 1440 den apokryphen Charakter der Konstantinischen Schenkung aufgrund historischer und linguistischer Merkmale bloßlegte, ist ein bemerkenswertes Beispiel philologischer Textkritik und wurde noch im 16. Jahrhundert in der protestantischen Polemik gegen die weltliche Macht des Papsttums verwendet. Dieses Werk entstand, während Valla im Dienst des Königs Alfons stand. Er ließ darauf eine Apologie folgen, und, obwohl ihm nicht vom regierenden Papst vergeben wurde, so gewann er doch die Gunst der nachfolgenden Päpste wieder. Vallas Anmerkungen zum Neuen Testament sind ein früher Versuch, die philologischen Methoden der Humanisten auf das Studium der Heiligen Schrift anzuwenden, und haben sicherlich Einfluß auf das Werk des Erasmus, der sie kannte, ausgeübt. Vallas Brief gegen den Juristen Bartolus (1433) rief einen Skandal hervor, der ihn zwang, Pavia zu verlassen. Er ist ein Dokument in der Geschichte des Streits der Fakultäten, aber ebenso eine frühe Episode aus der Entwicklung, welche zur Anwendung der humanistischen Philologie auf das Studium des römischen Rechtes führte. Vallas einflußreichstes und verbreitetstes Werk waren die *Elegantiae linguae latinae* (1444), die in Grammatik, Phraseologie und Stil den korrekten Gebrauch der antiken Römer festsetzen sollten. Sein Ziel war, wie er stolz in der Einleitung verkündet, die lateinische Sprache in der Herrlichkeit und Reinheit wiederherzustellen, die sie vor der Verderbnis durch die Barbaren auszeichnete.[4] Dieses Werk war eine bedeutende Leistung in der Geschichte der humanistischen Philologie und diente viele Jahrhunderte lang, bis ungefähr 1800, als Lehrbuch der lateinischen Stilistik.

Vallas Beitrag zur Philosophie ist größtenteils in drei Werken enthalten: einem ziemlich kurzen Dialog *Über den freien Willen (De libero arbitrio,* verfaßt zwischen 1435 und 1443), einem viel längeren Dialog *Über die Lust (De voluptate,* oder *De vero bono,* 1431–32) und einem Werk mit dem Titel *Dialektische Disputationen (Dialecticae disputationes,* 1439). Wir werden sie in dieser Reihenfolge näher betrachten.

In dem ersten unternimmt es Valla, ausgehend von einer Stelle bei Boethius, die Frage zu beantworten, ob Gottes Vorsehung und menschliche Willensfreiheit miteinander vereinbar seien. Auf eine positive Entscheidung hinzielend, argumentiert er, daß die Möglichkeit eines Ereignisses nicht notwendig seine aktuale Verwirklichung einschließt und daß das Vorauswissen eines zukünftigen Ereignisses, sogar seitens Gottes, nicht als Ursache dieses Ereignisses betrachtet werden muß. Zwar gebe es bei Gott keine Trennung zwischen Seiner Weisheit, Seinem Willen und Seiner Macht, aber sie seien dennoch gewiß voneinander unterschieden. Um diese Unterscheidung zu veranschaulichen, verwendet Valla die heidnischen Götter als Allegorien für die verschiedenen Attribute oder Gewalten des christlichen Gottes. Apollo, der Gottes Vorausschau und Fähigkeit der Voraussage darstellt, ist von Jupiter unterschieden, der Seinen Willen und Seine Gewalt über das Schicksal vertritt. Apollo kann alle zukünftigen Ereignisse ohne Irrtum voraussehen und voraussagen, aber er verursacht sie nicht, und daher ist seine Voraussage mit dem freien Willen der menschlichen Täter, die die Ereignisse herbeiführen werden, vereinbar.

So scheint das Eingangsproblem auf zufriedenstellende Art gelöst zu sein, aber nur um sofort auf einer anderen Ebene wieder aufzutauchen. Denn es besteht kein Zweifel darüber, daß Gottes Wille und Macht alle Dinge und Ereignisse verursachen, die Menschen und ihre Neigungen mit eingeschlossen. So werden wir gezwungen zu fragen, wie Gottes Wille mit dem freien Willen des Menschen vereinbar sein soll, wenn es doch Gott ist, der den Willen des Menschen verhärtet oder ihm Gnade erweist. Mit anderen Worten, Valla hat gezeigt, daß das göttliche Vorherwissen und die menschliche Willensfreiheit miteinander vereinbar sind, aber er gibt keine Antwort auf die Frage, ob die göttliche Prädestination Raum für menschliche Willensfreiheit läßt. Tatsächlich lehnt er es ab, diese zweite Frage zu beantworten, indem er beteuert, er habe nur versprochen, die erste zu beantworten. In die Enge getrieben, antwortet er, Gottes Wille sei ein Geheimnis, das vor Menschen und Engeln in gleicher Weise verborgen sei, und daß wir dies auf der Ebene des Glaubens annehmen sollten. Wir sollten uns mehr um christliche Demut als um philosophischen Stolz bemühen und die Neugier gegenüber einer Frage aufgeben, die wir nicht beantworten können.[6]

Valla beweist im ersten Teil des Dialoges beachtlichen Scharfsinn, und es ist bezeichnend, daß es dieses Werk ist, worauf Leibniz verweist, wenn er Valla nicht nur als Humanisten, sondern auch als Philosophen bezeichnet.[7] Aber ich kann trotzdem nicht den Philosophiehistorikern zustimmen, die das Werk als glanzvolles Beispiel weltlichen und rationalen Denkens bezeichnen. Valla ordnet offensichtlich die Philosophie dem Glauben unter: im Vorwort geht er sogar so weit zu sagen, Religion und Theologie sollten sich nicht auf die Unterstützung der Philosophie verlassen; daß die Theologen aufhören sollten, die Philosophie als Schwester oder gar als Schutzherrin der Theologie zu behandeln; daß die Philosophie für die Religion nicht nützlich, sondern schädlich und Ursache vieler Häresien gewesen sei.[8] Zwar versteht Valla unter Philosophie die scholastische Philosophie der mittelalterlichen Tradition; aber Tatsache bleibt, daß er sie nicht im Namen einer neuen und besseren Philosophie verwirft, sondern im Namen des Glaubens und der Religion.

Interessanter und in bestimmter Hinsicht bedeutender ist jener längere Dialog in drei Büchern, den Valla zunächst *Über die Lust (De voluptate,* 1431) überschrieb und den er später lieber *Über das wahre Gut (De vero bono,* 1432) nannte. Dieses Werk erfuhr mehr als eine Überarbeitung durch den Autor, aber diese Veränderungen scheinen nicht an seine Substanz gerührt zu haben. Eine kritische Ausgabe des Textes ist seit längerer Zeit angekündigt, aber wir sind z.Zt. immer noch auf die Standardausgabe aus dem 16. Jahrhundert angewiesen, die im Wortlaut ziemlich unzuverlässig zu sein scheint.[9]

In dieser Version, der bekanntesten und zugänglichsten, erörtert Valla das Problem, was für die Menschen das wahre Gut darstelle, ein Zentralproblem der meisten antiken Traktate über die Ethik, das Valla besonders aus Ciceros *De finibus* vertraut war. Vallas Werk hat die Form eines Dialogs zwischen den Wortführern dreier diesbezüglich verschiedener Standpunkte. Der erste Sprecher, Leonardus, verteidigt eine Position, die Valla als stoisch identifiziert. Seine Rede, die die ersten acht Kapitel des ersten Buches einnimmt, setzt das höchste Gut mit moralischer Tugend gleich, eine Ansicht, die sich tatsächlich mit der der antiken Stoiker deckt. Aber während die Stoiker die Natur und Vorsehung als vollkommen betrachten, klagt Leonardus über die Mißgunst und Ungerechtigkeit der Natur, die die Tugend so selten und schwer zu erlangen gemacht habe, daß der Mensch, um seines höheren Zieles willen, in einem unglücklicheren Zustand belassen werde als die Tiere (Kap. 2–8).

Die zweite und längste Rede, die den Rest des ersten Buches und das ganze zweite einnimmt, wird von Antonius vorgetragen, der die Stoiker zurückweist und die Epikureer verteidigt. Nach seiner Ansicht, die in vielem von der authentischen Position Epikurs abweicht, besteht das wahre Gut des Menschen nicht in sittlicher Tugend, sondern in der Lust, die durchgängig mit dem Nutzen gleichgesetzt wird (Kap. 16). Bei der Verteidigung dieses Standpunktes läßt Antonius die Güter des Glückes, des Körpers und der Seele Revue passieren und zeigt, daß sie sich alle auf Lust entweder des Körpers oder der Seele beziehen (Kap. 19–33). Die Lust allein steht in Übereinstimmung mit der Natur und sollte bei weitem nicht als den Tugenden gegenüber minderwertig, vielmehr als deren Lenker betrachtet werden (Kap. 34). Jede Lust ist gut, behauptet Antonius; in einer kühnen Verteidigung der erotischen Genüsse verteidigt er sogar den Ehebruch und den gemeinsamen Besitz der Frauen nach Art der platonischen *Republik* und weist das mönchische Ideal der Keuschheit gänzlich zurück (Kap. 38–46).

Stoische Tugend ist bedeutungslos; sie ist eine Einbildung. Ruhm ist ein nutzloses Ideal, und wenn man ihm irgendeinen positiven Wert beimißt, muß man ihn als eine Art der Lust ansehen (Buch II, Kap. 12–21). Worauf gute Menschen abzielen, ist eher Nutzen als Tugend (Kap. 28). Nutzen, nicht Tugend, ist das Ziel aller Gesetze, denn wer aus Furcht den Gesetzen gehorcht, kann nicht als in seiner Seele tugendhaft betrachtet werden (Kap. 30). Sogar das kontemplative Leben und die Ruhe des Gemüts, die von vielen Philosophen als Ideale aufgestellt wurden, werden nur wegen der mit ihnen verbundenen Lust begehrt (Kap. 36–37).

Am Ende seiner Rede behauptet Antonius, der Mensch sei nichts anderes als ein Tier und habe keine Existenz nach dem Tode. Deswegen müsse man den Glauben an zukünftige Belohnungen und Strafen zurückweisen. Das menschliche Gut bestehe in der Lust, die man im Verlauf des gegenwärtigen Lebens erlangt. Wenn wir zwischen Tugenden und Lastern unterscheiden und dazu neigen, die ersteren anzustreben und die letzteren zu meiden, so deshalb, weil uns die Tugenden zu höherer und dauerhafterer Lust verhelfen (Kap. 38–39).

Das letzte Buch des Dialoges wird größtenteils von der Rede des Nicolaus eingenommen, welcher beide vorherigen Sprecher kritisiert und eine dritte Ansicht vorbringt, die als die christliche Lehre dargestellt wird. Es ist nicht wahr, so behauptet er, daß uns das Böse mehr gefällt als das Gute, denn der Mensch erstrebt immer das Gute und meidet das Böse, und sein Wille richtet sich spontan nach dem Guten, wie sich unsere Augen nach dem Licht richten (Buch III, Kap. 2–3). Aber die Lust selber ist an sich ein Gut und deshalb ein legitimes Ziel für uns. Als Antonius die epikureische Position verteidigte, behauptet Nicolaus, drückte er nicht seine wirkliche Meinung aus, sondern sprach im Scherz; denn es widerspricht dem christlichen Glauben, das Leben nach dem Tode zu leugnen oder den Menschen auf dieselbe Ebene zu stellen wie die Tiere, und Antonius ist im wirklichen Leben ein guter Christ. Leonardus dagegen sprach im Ernst, als er die stoische Position verteidigte, aber er wurde durch eine übertriebene Bewunderung für die antiken Autoren dazu verleitet. Wir sollten die Alten um ihres Wissens, nicht um ihrer Sitten willen loben. Die stoische Lehre ist mit dem Christentum unvereinbar, denn sie stellt die Natur an Christi Stelle (Kap. 6).

Also sind die Tugenden der Stoiker in Wirklichkeit Laster, und Antonius hatte recht, die stoische Tugend zu kritisieren. Nach dem hl. Paulus können wir nicht Gott dienen oder den Gütern des gegenwärtigen Lebens entsagen ohne die Hoffnung auf einen zukünftigen Lohn, und alle menschlichen Tugenden sind nutzlos ohne die theologischen Tugenden: Glaube, Hoffnung und Christliche Liebe. Der stoische Weise hat keinen Seelenfrieden, und seine Tugend ist in Wirklichkeit voll von Sorge. Wenn wir, wie die antiken Philosophen, die Möglichkeit der Belohnung nach dem Tode leugnen wollten, müßte man die Lehre Epikurs der der Stoiker vorziehen. Denn die stoische Tugend wird um ihrer selbst willen erstrebt; ihr Zusammenhang mit Gott wurde vergessen, und deshalb ist sie eine falsche Tugend. Die Epikureer andererseits erstreben die Tugend um der Nützlichkeit willen und sind deshalb den Stoikern überlegen. Die Christen endlich erstreben die Tugend um der zukünftigen Seligkeit willen und sind aus diesem Grund sowohl den Stoikern als auch den Epikureern überlegen (Kap. 7–8).

Diese künftige Seligkeit, die die Christen anstreben, ist auch eine Art von Lust, und deshalb kommen die Epikureer dem Ziel näher als die Stoiker. Nicht die Tugend, sondern die Lust muß erstrebt werden, sowohl von denen, die sie in diesem Leben genießen wollen, als auch von denen, die erwarten, sie in der anderen Welt zu genießen. Denn es gibt zwei Arten von Lust, die eine jetzt auf der Erde, die andere später im Himmel. Die eine ist die Mutter des Lasters, die andere die der Tugend. Deswegen müssen wir uns der einen enthalten, wenn wir die andere genießen wollen. Wir können eine jede erlangen, aber nicht beide zusammen, denn sie sind einander entgegengesetzt.[10] Die Lust hier auf Erden ist unsicher und vergänglich, die andere Lust ist sicher und bleibend. Wenn unser Geist sich auf der rechten Bahn zu diesem zukünftigen Glück befindet, verspürt er schon in diesem gegenwärtigen Leben eine Lust, die der Hoffnung und der Erwartung zukünftiger Glückseligkeit entspringt. Ohne Freude ist nichts wohlgetan, und wer Gott gehorsam, aber nicht freudig dient, hat kein Verdienst, denn Gott will einen freudigen Knecht (Kap. 9).

Nun ist das wichtigste Mittel zur Erlangung künftiger Glückseligkeit die Tugend, aber die Tugend der Christen, nicht die der Philosophen, d.h. der Stoiker. Tugend und Glückseligkeit müssen jedoch unterschieden werden. Das höchste Gut ist mit der Lust identisch, und die Tugend wird ebenso wie vieles andere nur insofern als ein Gut bezeichnet, als sie das Gut, d.h. Lust erzeugt. Ohne diesen Zusammenhang mit Lust und Nutzen muß man die Tugend der Philosophen als ein Übel betrachten (Kap. 11).

Also werden sowohl die Stoiker als auch die Epikureer widerlegt, und das höchste Gut wird nicht in einer philosophischen Lehre, sondern in der christlichen Religion gefunden. Denn wenn es uns gelingt, unsere irdischen Leidenschaften zu überwinden, wird unsere Seele zum Himmel emporsteigen, während die Seelen der Bösen zur Hölle hinabfahren. So werden wir uns einer ewigen Lust erfreuen, weit höherer Art als jede der irdischen Lüste, die Antonius gepriesen hatte. Denn unser irdisches Leben ist notwendig der Sorge und dem Elend ausgesetzt (Kap. 14–15).

Nicolaus preist dann die Schönheit der sichtbaren Welt und stellt fest, daß sie um des Menschen willen geschaffen wurde, damit er sich durch die Betrachtung des Universums zur Erwartung eines höheren Lebens erheben möge (Kap. 16). Am Ende seiner Rede gibt Nicolaus eine Beschreibung des zukünftigen Lebens und stützt sich dabei, wie er sagt, nicht auf irgendein Wissen, sondern auf Glauben und Einbildungskraft.[11] Wenn die Seele zum Himmel aufgefahren ist, wird sie sich an verschiedenen Lustempfindungen erfreuen. Er besteht darauf, daß das himmlische Leben körperliche Lust von einer größeren Intensität miteinschließt als jegliche, die wir auf Erden erfahren können, aber er fügt hinzu, daß die geistigen Genüsse des Himmels noch intensiver seien und somit die Seligkeit, die die Seele im Himmel erlangt, in allen Hinsichten vollständig und vollkommen sei (Kap. 25–28). Diese Rede, und mit ihr der Dialog, endet mit einer hymnischen Beschreibung des triumphalen Einzugs der Seele in den Himmel, wo sie von Christus und der Jungfrau, den Chören der Engel und den eigenen Freunden und Verwandten empfangen wird (Kap. 29).

Die Bedeutung des Dialogs und die ethische und philosophische Position, die Valla in diesem Werk darstellen wollte, sind auf zwei völlig verschiedene Arten interpretiert worden. Einige Philosophiegeschichtler neigen dazu, das dritte Buch als einen durchsichtigen Versuch Vallas, der Zensur zu entgehen und seine wahre Meinung zu verbergen, abzuwerten. Sie halten die lange Rede des Antonius für den Ausdruck der wirklichen Ansichten Vallas und tendieren dazu, die kühne Verteidigung erotischer Lust und das Leugnen eines jenseitigen Lebens als typischen Ausdruck des Denkens der Renaissance zu betrachten. Andere Interpreten, denen ich mich anzuschließen geneigt bin, gehen in dieser Sache von einem ganz anderen Standpunkt aus.

Es ist unbezweifelbar, daß Valla versucht, die epikureische Position auf Kosten der Stoiker hochzuspielen, und daß er die kühnen und schockierenden Ausführungen des Antonius mit Gusto vorbringt. Aber es gibt keinen Hinweis darauf, daß er im Leben oder in seinen anderen Schriften eine ähnliche Ansicht vertrat wie Antonius oder daß er keinen religiösen Glauben hatte. Ich meine vielmehr, daß Nicolaus' Rede im dritten Buch einer Darstellung von Vallas eigentlicher Meinung nahekommt, und neige dazu, ihn beim Worte zu nehmen, wenn er durch Nicolaus sagt, er ziehe die epikureische der stoischen Position (so wie er beide versteht) vor, weil erstere der christlichen Lehre (in seiner Darstellung) näherkomme.

Diese Ansicht wird durch den Aufbau des Dialogs unterstützt, in dem das dritte Buch eine Art Höhepunkt bildet und eine Lösung des Problems darstellt, durch die die ersten beiden Sprecher widerlegt und überwunden werden. Darüber hinaus ist der Ton der dritten Rede viel zu eloquent und emphatisch, um als ein bloßer

Versuch zur Vermeidung des Anstoßes gewertet zu werden, und die Weise, in der die christliche Position dargestellt ist, ist so persönlich und unkonventionell, daß man sie schon aus diesem Grund für ehrlich ansehen darf. Darüber hinaus finden wir gerade im dritten Buch eine Theorie, die Valla eigen ist und die er auch in einem anderen Werk, der *Dialektik*, in einem völlig anderen Zusammenhang vorbringt. An beiden Orten kritisiert Valla die wohlbekannte Lehre des Aristoteles, jede moralische Tugend sei die Mitte zwischen zwei entgegengesetzten Lastern, und hält dagegen, jede Tugend habe nur ein entgegengesetztes Laster. Mut ist z.B. für Valla nicht die Mitte zwischen Tollkühnheit und Feigheit, wie Aristoteles behauptet, sondern der Mut ist der Feigheit, die Besonnenheit der Tollkühnheit entgegengesetzt.[12] Schließlich identifiziert Valla auch im Vorwort zum Dialog *Über das wahre Gut*, in dem er offensichtlich in seinem eigenen Namen spricht und dem Leser die Absicht seines Werkes nahezubringen versucht, deutlich die Stellungnahme des dritten Buches als die seine: Behauptest du wirklich, daß die Lust das wahre Gut sei? Ja, das tue ich, und ich werde darauf beharren, daß nichts außer der Lust gut sei, und ich habe beschlossen, dies zu vertreten und zu beweisen. Aber dieses Gut ist von zweierlei Art, die eine in diesem Leben, die andere im künftigen. Wir ziehen die letztere der ersteren vor, die erstere aber der Tugend der Philosophen. Wir nehmen es auf uns, die Stoiker, die Verteidiger der Tugend, zu widerlegen und die Verteidigung der Epikureer zu übernehmen, und auf diese Weise werden wir auch die christliche Religion verteidigen.[13]

Daher glaube ich, daß wir Nicolaus als den Sprecher für Vallas eigene Meinung betrachten dürfen. Valla gibt seine Vorliebe für die Epikureer vor den Stoikern kund, er betrachtet jedoch die Christen als beiden überlegen. Aber es ist eine eigenartige Auffassung von Christentum, die Valla da verteidigt. Sie ist in vieler Hinsicht vom Epikureismus, fast einem Vulgär-Epikureismus, gefärbt. Die Betonung der Lust, sogar der körperlichen Lust im jenseitigen Leben des Christen ist charakteristisch für eine Position, die wir als christlichen Epikureismus bezeichnen dürfen. Valla war nicht der erste oder einzige Renaissancephilosoph, der den Epikureismus wiederherzustellen und ihn mit dem Christentum zu versöhnen suchte.[14] Diese Tendenz, den Epikureismus zu christianisieren, d.h. seine Affinität mit dem Christentum zu betonen, steht in einem interessanten Gegensatz zur Haltung der frühen christlichen Autoren, die in der Verdammung des Epikureismus fast völlig übereinstimmen, während sie dem Stoizismus und einigen anderen antiken philosophischen Schulen viel mehr Toleranz entgegenbringen. Aber genau aus dem Grund, daß Vallas Begriff von Christentum seltsam und unkonventionell ist, neige ich dazu, ihn für aufrichtig zu halten.

Über das Verhältnis zwischen Philosophie und Religion spricht sich Valla in diesem Werk keineswegs positiver aus als in dem Dialog *Über die Willensfreiheit.* Er macht keinen Versuch, die Religion durch die Philosophie zu bestätigen. Wenn er das jenseitige Leben beschreibt, verläßt er sich auf Glaube und Imagination, nicht auf Wissen. Im Vorwort zum Dialog *Über das wahre Gut* schreibt er, es sei seine Absicht, die Religion gegen die Zweifel einiger moderner Philosophen zu verteidigen,[15] und an einer Stelle im dritten Buch weist er alle Philosophen ohne Ausnahme zurück.[16] Wenn er irgendetwas außer der Religion anerkennt, so ist es nicht Philosophie, sondern Rhetorik. Er vergleicht die Philosophie mit einem gemeinen Soldaten oder Sergeanten, der unter der Rhetorik als dem General dient,[17] und die Redner wissen, so sagt er uns, viel besser als die Dialektiker, wie man ein Problem diskutiert.[18] Rhetorik wird die Königin der Dinge genannt,[19] und im letzten Kapitel des dritten Buches werden Antonius und Nicolaus als gute Redner gepriesen.[20] Mit dieser Bemerkung scheint das gesamte Werk den Anschein einer rhetorischen Übung anzunehmen, aber mit all der Würde und all dem Wert, die Rhetorik und Redekunst für einen überzeugten Humanisten besitzen.

Das letzte von Vallas drei philosophischen Hauptwerken stellt vielleicht seinen wichtigsten Beitrag zur Philosophie dar. Da es zu speziell und kompliziert wäre, es hier im einzelnen zu beschreiben, müssen wir uns damit begnügen, seinen Platz in der Gesamtgeschichte der Renaissancephilosophie kurz klarzustellen. *Dialektische Disputationen (Dialecticae disputationes,* 1439) ist in drei Bücher unterteilt. Im Vorwort kündigt Valla als seine Aufgabe die Wiederherstellung (reconcinnatio) der Dialektik und der Grundlage aller Philosophie an und kritisiert vor allem die modernen Aristoteliker, wobei er für sich die Freiheit beansprucht, anderer Meinung zu sein als Aristoteles.

Die drei Bücher behandeln, allgemein gesagt, die Begriffe, die Sätze und die Formen des logischen Schlusses. Innerhalb dieses Rahmens diskutiert Valla jedoch eine große Anzahl spezifischer Lehren, angefangen von den Kategorien und den Transzendentalien, und schlägt allerorts interessante neue Termini und Distinktionen anstelle der traditionellen vor, wobei er ziemlich häufig von der Logik zu anderen philosophischen Disziplinen abschweift. Offenkundig ist seine Tendenz, Lehren, die er für unnötig kompliziert hält, zu vereinfachen. Gegen die „barbarische“ Terminologie der scholastischen Philosophen beruft er sich auf Grammatik und Gebrauch des klassischen Lateins, das er sogar dem Altgriechischen vorzieht.[21] Man fühlt sich an heutige Versuche erinnert, die Philosophie und insbesondere die Logik auf die Basis der Normalsprache zu stellen, mit dem einzigen Unterschied, daß für Valla diese Normalsprache nicht das heutige Englisch, sondern das klassische Latein ist, das mindestens einige Stufen näher zum antiken

Griechisch steht, der wahren Quelle aller philosophischen Diskussionen im Abendland.

In seiner Theorie der Argumentation und der Schlußformen macht Valla wiederholt Anleihen bei Quintilian, einem Autor, den er sehr hoch preist. Dieser Versuch, den Rhetoriker Quintilian als neue Autorität in die Dialektik einzuführen, ist beispielhaft für eine typisch humanistische Tendenz, die Logik der Rhetorik unterzuordnen. Valla vermerkt auch am Anfang des zweiten Buches, daß die Dialektik im Vergleich zur Rhetorik ein ziemlich kurzer und einfacher Gegenstand sei, der von modernen Autoren des Faches künstlich verkompliziert worden sei.[22] Mit anderen Worten, Vallas Dialektik ist ein Versuch, die Logik des Aristoteles und der Spätscholastik zu reformieren, und der Zweck dieser Reform ist, die Logik insgesamt zu vereinfachen, sie auf den Gebrauch des klassischen Lateins zu reduzieren und sie mit der Disziplin der Rhetorik zu verbinden, wenn nicht gar sie auf diesen professionellen Kern und Lieblingsgegenstand der humanistischen Bildung zu reduzieren.

Es wäre übertrieben zu behaupten, daß Vallas Dialektik zu einer bleibenden Reform dieser Disziplin geführt hätte oder daß er für die spezifischen Anschauungen und Lehren, die er vorbrachte, viele Nacheiferer gefunden hätte. Aber sein Werk ist historisch bedeutend als ein erster Versuch, die Standards humanistischen Denkens und humanistischer Bildung auf eine andere philosophische Disziplin als die Ethik anzuwenden. In seiner generellen Bemühung, die Logik der Spätscholastik umzustoßen und sie durch eine neue und vereinfachte Logik, die mit Grammatik und Rhetorik verbündet sein sollte, zu ersetzen, fand Valla in der Spätrenaissance eine Reihe wichtiger Nachfolger. Es genügt, Rudolph Agricola, Marius Nizolius und vor allem Petrus Ramus zu erwähnen, welcher endlich den von seinen Vorläufern vergeblich erhofften Erfolg hatte. Denn das von Ramus formulierte System wurde, wie wir aus neueren Untersuchungen wissen, in vielen Ländern mehrere Jahrhunderte lang befolgt, und sein Einfluß reichte nicht nur nach Deutschland und England, sondern auch bis nach Amerika.[23] Wenn wir diese späteren Entwicklungen im Auge behalten, können wir sagen, daß unter allen Philosophischen Disziplinen, abgesehen von der Ethik, die Logik am stärksten unter den Einfluß des Renaissancehumanismus geriet. Zwar wurde die Bedeutung dieses Einflusses von vielen Historikern der Logik in Frage gestellt, aber schon sein Ausmaß in Raum und Zeit sollte uns zu denken geben und die Notwendigkeit weiterer Untersuchungen anzeigen.

Lorenzo Valla war, wie ich gezeigt zu haben hoffe, nicht nur ein bedeutender Humanist, sondern er hat auch, trotz seiner zweideutigen Haltung gegenüber der Philosophie, wichtige Beiträge zum philosophischen Denken geleistet. Dasselbe kann man von mehreren anderen, aber bei weitem nicht von allen Renaissancehumanisten sagen. Vallas Werk ist von besonderem Interesse wegen der Autorität und des Einflusses, den es im übrigen Europa hatte, quasi als Brücke zwischen dem italienischen und dem nördlichen Humanismus.

Von den in diesen Vorträgen besprochenen Denkern ist Valla der letzte, der uneingeschränkt als Humanist eingestuft werden kann, obgleich die meisten anderen, wie wir sehen werden, mehr oder weniger durch die humanistische Bildung beeinflußt waren. Wenn ich mich nun also vom Renaissancehumanismus verabschiede, möchte ich betonen, daß ich nicht mit denjenigen Historikern übereinstimme, die behaupten, der Humanismus sei in Italien und im Norden mit dem Beginn des 16. Jahrhunderts oder mit dem Aufkommen der Reformation von der Bildfläche verschwunden. Tatsächlich war das 16. Jahrhundert Zeuge einer sich im großen Maßstab vollziehenden, kontinuierlichen Blüte der humanistischen Gelehrsamkeit in ganz Europa, und der Einfluß des Humanismus drang tief in alle Bereiche der Kultur ein, ungeachtet der religiösen und konfessionellen Spaltungen, die die Zeit bestimmten. Einige der größten Humanisten gehören dem 16. Jahrhundert an, und einige von diesen haben in der Geschichte der Philosophie ihre Spur hinterlassen. Die Namen Erasmus, Vives, Fracastoro, Montaigne und Lipsius sollten genügen, um die Ansicht zu zerstreuen, der Humanismus habe in der Spätrenaissance seine Vitalität oder die Fähigkeit verloren, das Denken von Autoren und Lesern zu formen und zu beeinflussen.

Kap. 3

FICINO

Der Platonismus der Florentinischen Akademie, dem dieses und das nächste Kapitel gewidmet sind, war in mehr als einer Hinsicht eng mit der humanistischen Bewegung verbunden. Sein Hauptvertreter Marsilio Ficino, dem wir zuerst unsere Aufmerksamkeit zuwenden wollen, hatte eine hervorragende Ausbildung in den klassischen Sprachen und Literaturen genossen und war außergewöhnlich belesen sowohl in den griechischen als auch in den lateinischen Quellen der antiken Philosophie. Er schrieb einen flüssigen, wenn nicht gar eleganten lateinischen Stil, der eine deutliche persönliche Note hatte und die meisten, wenn nicht alle seine anspruchsvollen Zeitgenossen befriedigte. Er pflegte literarische Genres wie den Traktat, den Dialog, die Rede und den Brief, sammelte seine Korrespondenz und verkehrte auf gleichem Fuße mit vielen führenden Humanisten seiner Zeit. Seine wissenschaftliche Tätigkeit als Übersetzer und Kommentator von Platon, Plotin und anderen griechischen philosophischen Autoren kann als Fortsetzung der Arbeit seiner humanistischen Vorgänger angesehen werden. Sein Eklektizismus und sein Versuch, die platonische Philosophie neu zu beleben, stimmt mit der Art überein, auf die andere humanistische Denker mit dem philosophischen Erbe der Antike umgingen. Der erbauliche Ton, der viele seiner Briefe kennzeichnet, erinnert an mehr als einer Stelle an die Briefe Senecas oder Petrarcas. Sein starkes Interesse für die Würde des Menschen und seinen Platz im Universum, für Glück und Schicksal führt ihn zur Wiederaufnahme einiger der Lieblingsthemen der frühhumanistischen Literatur.

Trotz all dieser unleugbaren Tatsachen kann ich nicht mit denjenigen Historikern übereinstimmen, die in Ficino und dem Renaissanceplatonismus lediglich einen besonderen Abschnitt oder eine Phase des Humanismus erblicken wollen; ich ziehe es vor, den Renaissanceplatonismus als eine eigenständige Bewegung innerhalb des weiteren Bereichs der Renaissancephilosophie zu betrachten. Denn es genügt nicht, bloß zu bemerken, daß die Florentiner Akademie eine Generation

– ein halbes Jahrhundert – nach der großen Periode des Frühhumanismus, zu der Valla noch gehörte, ihre Blüte erlebte oder daß die zweite Häfte des 15. Jahrhunderts durch religiöse und metaphysische Interessen gekennzeichnet war, die der früheren Periode fremd waren. Religiöse und philosophische Interessen waren auch vor der Mitte des 15. Jahrhunderts lebendig, obwohl einige der Humanisten daran keinen Anteil nahmen, und es gab auch umgekehrt in der zweiten Hälfte des 15. Jahrhunderts Humanisten, die ebensowenig daran Anteil nahmen. Der Schluß scheint unausweichlich, daß der von Ficino und seiner Akademie repräsentierte Platonismus im geistigen Leben der Epoche einen anderen Platz einnahm.

Tatsächlich wurde Ficinos Platonismus aus vielen Quellen gespeist und hing von vielen Vorbedingungen ab, die keine Verbindung mit dem Humanismus hatten; seine Beziehung zum frühen Humanismus ist nur eine der vielen Facetten, aus denen sich sein äußerst vielseitiges Denken zusammensetzt. Zuallererst stellt die Florentiner Akademie eine neue Phase in der langen und komplexen Geschichte der platonischen Tradition dar, und Ficino war sich seiner Rolle als Erbe und Bannerträger dieser Tradition sehr bewußt. Seine Quellen umfassen nicht nur Platons eigene Schriften und die der antiken Platoniker, die wir gewöhnlich als Neuplatoniker bezeichnen, sondern auch die dem Hermes Trismegistus, Zoroaster, Orpheus und Pythagoras zugeschriebenen, die von der modernen Forschung als apokryphe Erzeugnisse der Spätantike erkannt worden sind, aber von Ficino und von vielen seiner Vorläufer und Zeitgenossen für ehrwürdige Zeugnisse einer sehr alten heidnischen Philosophie und Theologie gehalten wurden, die Platon und seinen Schülern vorausgegangen war und sie inspiriert hatte. Ficino war sich ferner darüber im klaren, daß der Platonismus Anhänger unter den antiken lateinischen Schriftstellern, den frühen Kirchenvätern und den mittelalterlichen arabischen und lateinischen Philosophen gehabt hatte, z.B. Boethius, Calcidius, Dionysius Areopagita, den hl. Augustinus, Avicenna, Alfarabi, Heinrich von Ghent, Duns Scotus und, in seinem eigenen Jahrhundert, Bessarion und Cusanus. Wir wissen aus Ficinos Schriften, daß er viele, wenn nicht alle diese Autoren mehr oder weniger gut kannte. Das Ausmaß, in dem er jeweils von einem von ihnen abhängig war, und der Inhalt und die Bedeutung solcher Abhängigkeiten im Verhältnis zueinander und zu seiner eigenen Originalität sind natürlich oft strittig und in vielen Fällen noch nicht gehörig geprüft. Aber es ist ganz offensichtlich, daß jedenfalls Platon und Plotin, die Zoroaster und Hermes zugeschriebenen Schriften und die philosophischen Werke des hl. Augustinus in seinem Denken tiefe Spuren hinterlassen haben. Zu diesen Namen darf man den byzantinischen Platoniker Gemistos Plethon hinzufügen, der – nach Ficinos eigenem Bericht – Cosimo de' Medici die Idee der Gründung einer platonischen Akademie in Florenz eingegeben hatte, die ihre Verwirklichung viele Jahre später durch Ficino selber finden sollte.

Neben dem frühen Humanismus und dem antiken und mittelalterlichen Platonismus nahm Ficino eine ganze Menge anderer Einflüsse auf, die oft übersehen werden, weil sie nicht zu dem Schlagwort „Platonismus" passen. Während einer frühen Phase seiner Entwicklung war er stark von dem Epikureismus des Lukrez beeindruckt, und Spuren dieses Einflusses hielten sich sein Leben lang. Er hörte an der Universität Florenz Kurse über aristotelische Philosophie, und seine Vertrautheit mit Texten und Methoden der Scholastik ist nicht nur in einigen seiner frühen Schriften sichtbar, die erst neuerdings veröffentlicht worden sind, sondern auch in der Terminologie und Methode seiner reifen Schriften, in seiner Rezeption des Aristoteles und seiner arabischen Kommentatoren, und sogar in der Struktur seines Hauptwerkes, der *Platonischen Theologie*, die die Form einer *Summa* über die Unsterblichkeit der Seele annimmt und verschiedene Argumentationsreihen zum Beweis der Hauptthese bietet. Er hatte direkte Kenntnis von wenigstens einigen Schriften des Thomas von Aquin, und in vielen Thesen und Argumentationen folgte er diesem großen scholastischen Denker; aber bevor wir in Versuchung geraten, ihn als Thomisten zu bezeichnen, sollten wir uns daran erinnern, daß er sich in einem der wichtigsten Divergenzpunkte für Scotus und gegen Thomas entschied, nämlich in der Frage, ob der Wille oder die Vernunft Vorrang hat. Als guter Bürger von Florenz schrieb Ficino mehrere seiner Werke – in der ersten oder in der zweiten Version – in der toskanischen Volkssprache; und als Priester war er nicht nur durchdrungen von der etwas verdünnten scholastischen Theologie, wie sie für sein Land und seine Zeit charakteristisch ist, sondern auch von der populären religiösen Literatur, die im Umkreis der in Florenz in seiner Jugendzeit blühenden Laienbruderschaften entstanden war. Er war Sohn eines Arztes, hatte selber Medizin studiert und, wie es unter Ärzten zu seiner Zeit üblich war, überdurchschnittliche Kenntnisse auf astrologischem Gebiet. Schließlich war er von wahrem Enthusiasmus für kosmologische und metaphysische Spekulation beseelt, und es gelang ihm, Ideen und Theorien zu formulieren, die auf das Denken seiner Zeit und mehrerer darauffolgender Jahrhunderte einen bedeutenden Einfluß hatten.

Marsilio Ficino wurde 1433 in Figline bei Florenz geboren. Er erhielt seine Ausbildung in Florenz, erst in den „studia humanitatis", dann in Philosophie und Medizin, aber er scheint keinen akademischen Grad erworben zu haben. Sein frühestes philosophisches Werk verfaßte er 1454, und mehrere weitere Schriften datieren aus den folgenden Jahren. Wir wissen, daß er um 1456 Griechisch zu studieren begann, mit der ausdrücklichen Absicht, die Originalquellen der platonischen Philosophie zu untersuchen, und er machte bald seine ersten Versuche, einige philosophische Texte ins Lateinische zu übersetzen. 1462 schenkte ihm Cosimo de' Medici ein Haus in Careggi bei Florenz und stellte ihm mehrere griechische Manuskripte zur Verfügung, und dies wird gewöhnlich als das Gründungsdatum der Platonischen Akademie in Florenz betrachtet. Ficino vollendete bald seine Übersetzung der Hermetischen Schriften (1463), die eine sehr weite Verbreitung finden sollte, begann dann die Platonischen Dialoge zu übersetzen und hatte wenigstens zehn davon vollendet, als Cosimo 1464 starb.

In den darauffolgenden Jahren schloß Ficino seine Platonübersetzung ab (vor 1469), die erste vollständige Übersetzung Platons in einer westlichen Sprache. 1469 schrieb er seinen berühmten Kommentar zu Platons *Symposium* und zwischen 1469 und 1474 sein philosophisches Hauptwerk, die *Platonische Theologie (Theologia Platonica).* Gegen Ende des Jahres 1473 wurde er Priester, nachdem er vermutlich zu einem früheren Zeitpunkt die niederen Weihen erhalten hatte, und es ist bekannt, daß er später mehrere kirchliche Pfründen innehatte und schließlich Kanonikus der Kathedrale von Florenz wurde. Um 1473 begann er seine Briefe zu sammeln, weshalb wir über sein Leben und seine Tätigkeit am besten für die nächsten 20 Jahre nach diesem Datum Bescheid wissen. Die Briefsammlung wurde vom Autor 1495 sorgfältig ediert und schließt mehrere kleinere philosophische Traktate, die in verschiedenen Abschnitten seines Lebens verfaßt worden waren, mit ein. Nach 1484 befaßte sich Ficino viele Jahre lang mit der Übersetzung und dem Kommentar zu Plotin, die 1492 gedruckt wurden. In seinen letzten Lebensjahren schrieb er noch mehrere Übersetzungen, Kommentare und Traktate. Da er eng mit mehreren Generationen der Familie Medici verbunden war, scheint er sich nach deren Vertreibung aus Florenz 1494 auf das Land zurückgezogen zu haben. Er starb 1499 und wurde durch eine Grabrede geehrt, die von einem Kanzler der Republik gehalten wurde; später wurde ihm im Dom zu Florenz ein Denkmal errichtet.

Nachdem Ficinos Schriften, Quellen und Interessen erwähnt worden sind, müssen wir noch einige Worte über die berühmte Platonische Akademie sagen, deren Oberhaupt und führender Geist er lange Jahre war. Ficino und seine Zeitgenossen gebrauchten den Namen „Akademie", aber man ist sich heute allgemein darüber einig, daß es eher ein ziemlich locker organisierter Kreis von Freunden war und nicht so sehr eine fest etablierte Institution in der Art der Akademien späterer Jahrhunderte. Ficino wollte, daß seine Akademie die Form einer geistigen Gemeinde annehmen sollte, und in dieser Zielsetzung war er vielleicht ebensosehr durch die religiösen Laienverbindungen seiner Zeit beeinflußt wie durch das imaginäre Vorbild der Akademie Platons und anderer antiker Philosophenschulen. Es gab, wie wir wissen, zwanglose Diskussionen zwischen den älteren Mitgliedern des Kreises, und mindestens bei zwei Anlässen wurde Platons Geburtstag mit einem Festmahl begangen, bei welchem jeder Teilnehmer eine philosophische Rede hielt. Es gab Vorträge erbaulicher Reden – von Ficino als „declamationes" bezeichnet – vor kleinem Auditorium, private Lesungen aus Platon und anderen Texten mit einem oder mehreren jüngeren Schülern sowie öffentliche Vorträge über Platon und Plotin, die in einer Kirche oder einem benachbarten Saal abgehalten wurden. Berühmte Besucher aus anderen italienischen Städten oder aus dem Ausland suchten Ficino auf oder nahmen an den Versammlungen teil, und Ficinos Korrespondenz diente als bewußt eingesetztes Mittel, sowohl den Kontakt mit den Mitgliedern der Akademie aufrechtzuerhalten als auch das Interesse Außenstehender an ihren Aktivitäten zu erregen. Der Katalog seiner Schüler, den er in einem seiner Briefe aufstellt, die Liste der Personen, mit denen er korrespondierte, die er erwähnte oder die die Manuskripte oder gedruckten Ausgaben seiner Schriften besaßen, sind ein deutlicher Beweis für den weitreichenden Einfluß, den er zu seinen Lebzeiten ausübte, und für den Respekt, dem seine Schriften und anderen Tätigkeiten begegneten, und nicht nur in Florenz, sondern auch im übrigen Italien und im größten Teil Europas.

Marsilio Ficinos Schriften, besonders seine *Platonische Theologie* und seine Briefe, offenbaren ein sehr komplexes System von Ideen, wobei seine philosophischen Ansichten mit Gleichnissen, Allegorien und langen Zitaten aus seinen Lieblingsautoren ausgeschmückt sind. Das Äußerste, was wir in einem so kurzen Kapitel zu leisten hoffen können, ist, einige seiner wichtigsten und einflußreichsten Lehren zu erwähnen.

Im Gegensatz zu seinen humanistischen Vorgängern versuchte Ficino, eine ausgearbeitete Beschreibung des Universums zu geben. Er übernahm von seinen neuplatonischen und mittelalterlichen Quellen das Verständnis des Universums als einer großen Hierarchie, in welcher jedes Seiende den ihm gemäßen Platz einnimmt und seinen Grad an Vollkommenheit hat, ausgehend von Gott an der Spitze und hinabsteigend durch die Ordnungen der Engel und Seelen, der himmlischen und elementaren Sphären, der verschiedenen Arten der Tiere, Pflanzen und Mineralien bis hin zu der formlosen „prima materia". Aber es genügt nicht, wie es oft geschieht, zu sagen, daß Ficinos Kosmologie in einer neuplatonischen Hierarchie bestehe, denn bei näherer Untersuchung stellt sich heraus, daß sich diese Hierarchie in einigen bedeutenden Details von denen seiner Vorgänger unterscheidet. Zum einen ist sie in einem Schema von fünf Grundsubstanzen angeordnet: Gott, Engelsgeist, Vernunftseele, Qualität und Körper, und dieses Schema unterscheidet sich in mehrfacher Hinsicht von dem Plotins, dem es im übrigen am nächsten kommt. Abgesehen von feinen Unterschieden in der Bedeutung der verschiedenen Termini, bildet die Qualität für Plotin nicht eine eigene Stufe des Seins, während er statt dessen der sensitiven und der vegetatitiven Fähigkeit der Seele gesonderte Plätze zuweist. Man kann nachweisen, daß Ficino das plotinische Schema vorsätzlich abänderte, z.T., um es symmetrischer zu machen, und zum anderen, um die priviligierte Stellung im Zentrum der menschlichen Seele zuzuweisen und so der Lehre von der Würde des Menschen, die er von seinen humanistischen Vorgängern übernommen hatte, eine Art metaphysischer Ableitung und Bestätigung zu geben. Die Seele ist in Wahrheit die Mitte aller von Gott geschaffenen Dinge, so sagt er uns. Sie steht in der Mitte zwischen den höheren und den niederen Dingen und teilt einige Attribute mit den einen, einige mit den anderen.[1]

Aber Ficino begnügt sich nicht mit einer statischen Hierarchie, in der alle Stufen einfach nacheinander angeordnet sind und ihre Relation nur in einer kontinuierlichen Abstufung der Attribute besteht. Er ist vielmehr überzeugt, daß das Universum eine dynamische Einheit haben muß und daß seine verschiedenen Teile und Stufen durch aktive Kräfte und Affinitäten zusammengehalten werden. Aus diesem Grunde läßt er die neuplatonische Lehre von der Weltseele wiederaufleben und macht die Astrologie zum Teil eines natürlichen Systems gegenseitiger Einflüsse. Da aber für Ficino das Denken einen aktiven Einfluß auf seine Objekte hat und da gemäß Platons *Symposion* die Liebe eine natürliche Kraft ist, die alle Dinge aneinanderbindet, und da ferner die menschliche Seele ihr Denken und ihre Liebe allen Dingen, vom Höchsten bis zum Niedrigsten, zuwendet, wird die Seele abermals und in einem neuen Sinne zum Zentrum des Universums. Die Seele ist das größte aller Wunder der Natur, denn sie verbindet alle Dinge, ist das Zentrum aller Dinge und besitzt die Kräfte von allen. Daher kann man sie mit Recht als das Zentrum der Natur, den Mittelterm aller Dinge, das Band und Gelenk des Universums bezeichnen.[2]

Ficinos Kosmologie, die eine Zeitlang großen Einfluß hatte, ist sehr interessant, stellt aber nur eine Seite seines philosophischen Denkens dar. Die andere, sogar noch tiefere Komponente ist seine auf direkter innerer Erfahrung beruhende Analyse des geistigen oder kontemplativen Lebens, die ihn mit einigen mittelalterlichen Mystikern und abermals mit dem Neuplatonismus verbindet. Gegenüber unserer normalen täglichen Erfahrung befindet sich unser Geist im Zustand immerwährender Unruhe und Unzufriedenheit. Aber er ist in der Lage, sich von Körper und Außenwelt abzuwenden und sich auf seine eigene innere Substanz zu konzentrieren. Indem sie sich so von äußeren Dingen reinigt, tritt die Seele ins kontemplative Leben und erlangt ein höheres Wissen, da sie die unkörperliche oder intelligible Welt entdeckt, die ihr verschlossen ist, solange sie sich mit der gewöhnlichen Erfahrung und den Sorgen des äußeren Lebens befaßt. Ficino interpretiert dieses kontemplative Leben als stufenweisen Aufstieg der Seele zu immer höheren Graden der Wahrheit und des Seins, der endlich in der unmittelbaren Erkenntnis und Anschauung Gottes seinen krönenden Abschluß findet. Diese Erkenntnis Gottes ist das letzte Ziel des menschlichen Lebens und der menschlichen Existenz; durch sie allein wird die Ruhelosigkeit unseres Geistes befriedigt, und alle anderen Weisen und Stufen menschlichen Lebens und Wissens müssen als mehr oder weniger direkte oder bewußte Vorbereitungen für diesen letzten Endzweck verstanden werden. In Übereinstimmung mit Plotin ist Ficino davon überzeugt, daß diese höchste Erfahrung im diesseitigen Leben erlangt werden könne, wenigstens von einigen ausgezeichneten Personen und für eine kurze Zeit, obwohl er niemals ausdrücklich für sich in Anspruch nimmt, diesen Zustand erreicht zu haben.[3]

Bei der Beschreibung der verschiedenen Stufen und des letzten Zieles der inneren Erfahrung benutzt Ficino eine doppelte Terminologie, hierin vom hl. Augustinus und den mittelalterlichen Philosophen beeinflußt. Der Aufstieg der Seele zu Gott wird mit Hilfe zweier Flügel vollbracht, der Vernunft und des Willens, und deshalb wird die Erkenntnis Gottes auf jeder Stufe mit der Liebe zu Gott parallelisiert und von ihr begleitet, und die letzte Vision begleitet ein Akt des Genusses („fruitio"). Ficino stellt auch Überlegungen zu der Frage an, ob Vernunft und Erkenntnis oder Wille und Liebe in diesem Vorgang wichtiger seien, und obwohl er an verschiedenen Stellen seiner Schriften zu verschiedenen Schlüssen zu gelangen scheint, tendiert er im großen und ganzen zur Überlegenheit von Wille und Liebe über Vernunft und Erkenntnis.[4] Aber diese Frage ist für ihn nicht so wichtig, wie man erwarten könnte, da er die Erkenntnis Gottes und die Liebe zu Gott nur als zwei verschiedene Aspekte oder Interpretationen derselben Grunderfahrung ansieht, nämlich des kontemplativen Aufstiegs der Seele zu ihrem letzten Ziel.

Diese Erfahrung und die Weise ihrer Interpretation enthalten den Schlüssel zu Ficinos Metaphysik und zugleich zu seiner Ethik. Gerade durch den inneren Aufstieg der Kontemplation wird die Realität unkörperlicher Dinge, der Ideen und Gottes, entdeckt und bestätigt. Und da darüber hinaus dieser innere Aufstieg die Grundaufgabe der menschlichen Existenz ist, interessiert sich Ficino nicht für spezifische moralische Vorschriften oder Kasuistik, sondern nur für die allgemeine Identifikation des menschlichen Guten und der menschlichen Tugend mit dem inneren Leben. Seine gesamte Morallehre, wie sie sich in seinen Briefen darstellt, kann als eine Reduktion aller spezifischen Regeln auf ein Lob des kontemplativen Lebens bezeichnet werden. Wer zu diesem Leben gelangt ist, ist vor Schicksalsschlägen gefeit und wird, durch seine innere Sicherheit und Einsicht bewegt, unter allen vorstellbaren Umständen das Richtige erkennen und tun.[5]

Eng mit der Lehre vom kontemplativen Leben verbunden sind zwei weitere Theorien Ficinos, beide von großer historischer Bedeutung: seine Theorie von der Unsterblichkeit der Seele und seine Theorie der platonischen Liebe.

Die Unsterblichkeit der Seele ist das Hauptthema von Ficinos philosophischem Hauptwerk, der *Platonischen Theologie,* welche den Untertitel „Über die Unsterblichkeit der Seele" trägt und die zum größten Teil aus einer Reihe von Beweisen für die Unsterblichkeit besteht. Auch wird aus einer berühmten Stelle, die sich in Ficinos Schriften zweimal findet, klar, daß er diese Lehre für den Wesenskern seines Platonismus ansieht und sich hierin unmittelbar gegen die Lehren der aristotelischen Philosophen seiner Zeit wendet.[6] Nun trifft es zwar zu, daß Platon und Plotin, Augustinus und viele andere christliche Autoren die Unsterblichkeit der Seele vertraten und daß Ficino von diesen Vorgängern viele spezifische Argumente entlehnte, und ebenso wird man zugeben, daß die Lehre des Averroes von der Einheit des Intellekts aller Menschen, die von den aristotelischen Philosophen des 13. bis 15. Jahrhunderts weitgehend angenommen oder diskutiert wurde, eine Verteidigung der individuellen Unsterblichkeit zur vordringlichen Aufgabe machte; hinzufügen kann man, daß die Humanisten dem menschlichen Individuum, seinen Erfahrungen und Meinungen, eine große Bedeutung zugewiesen hatten und daß der Glaube an persönliche Unsterblichkeit de facto das metaphysische Gegenstück zu diesem Individualismus und seine Ausweitung in eine andere Dimension darstellt.[7]

Aber im Falle Ficinos erscheint es evident, daß die Lehre von der Unsterblichkeit eine notwendige Ergänzung und Konsequenz seiner Interpretation der menschlichen Existenz und des Zieles des Menschenlebens war. Wenn es unsere Hauptaufgabe ist, über eine Reihe von Stufen zur unmittelbaren Anschauung und zum Genuß Gottes emporzusteigen, müssen wir voraussetzen, daß dieses Endziel nicht nur von einigen wenigen Personen für eine kurze Zeit, sondern von einer großen Anzahl Menschen und für immer erreicht wird. Andernfalls wäre die Bemühung der Menschen, dieses Endziel zu erreichen, vergeblich, und der Zweck, für den sie ja bestimmt waren, würde unerfüllt bleiben. Also wäre der Mensch unglücklicher als die Tiere, die ihre natürlichen Ziele erreichen, und das wäre unvereinbar mit der Würde der Stellung, die der Mensch im Universum einnimmt. Außerdem könnte ein natürliches Ziel, das einem natürlichen, allen Menschen eingepflanzten Verlangen entspricht, nicht erreicht werden, und dies widerspräche der Vollkommenheit der Ordnung der Natur und der Weisheit Gottes, der diese Ordnung erschaffen hat. In seiner *Platonischen Theologie* und in anderen Schriften wiederholt Ficino unermüdlich dieses und ähnliche Argumente; es scheint offenkundig, daß sie die wahre Intention und Motivation seines Denkens wiedergeben. Denn seine gesamte Interpretation des Menschenlebens als kontemplativer Aufstieg zu Gott würde ihre Bedeutung verlieren, wenn nicht dieser Aufstieg seine immerwährende Erfüllung im ewigen jenseitigen Leben der unsterblichen Seele fände. Dies allein, so scheint mir, erklärt, warum die Lehre von der Unsterblichkeit bei Ficino eine so zentrale Stellung einnimmt. Alle anderen Argumente, die er benutzt, sind nur Stützen dieses zentralen Arguments.[8]

Ficinos Lehre von der Unsterblichkeit der Seele und seine Argumente zu ihrer Unterstützung machten einen großen Eindruck auf viele Denker des 16. Jahrhunderts, und es könnte auf diesen indirekten Einfluß zurückzuführen sein, daß die Unsterblichkeit der Seele auf dem Laterankonzil 1512 zum formalen Dogma der katholischen Kirche erklärt wurde.

Von gleicher historischer Bedeutung, aber anderer Art ist Ficinos Lehre von der menschlichen Liebe. In dieser Lehre, wie in vielen anderen, kombinierte Ficino Elemente aus verschiedenen Quellen und Traditionen. Er übernahm Platons Theorie der Liebe, wie sie im *Symposium* und im *Phädrus* dargestellt ist, interpretierte sie neu und kombinierte sie mit einigen anderen antiken Theorien der Freundschaft, die er vor allem aus Aristoteles und Cicero kannte; er versuchte sie mit der christlichen Liebe („caritas“), die vom hl. Paulus gepriesen wird, zu identifizieren; und er fügte sogar einige Akzente aus der Tradition der mittelalterlichen höfischen Liebe hinzu, wie er sie durch Guido Cavalcanti, Dante und andere frühe toskanische Dichter kannte. Diese Lehre, die einen enormen Einfluß im 16. Jahrhundert ausübte und für die Ficino selber die Namen „platonische“ und „sokratische Liebe“ prägte, stellte er erstmals in seinem Kommentar zum *Symposium* Platons dar und entwickelte sie dann in vielen seiner Briefe und anderen Schriften weiter. Der Name „platonische Liebe“ bedeutet Liebe, wie Platon sie – nach Ficinos Interpretation – beschreibt. Ficino nennt sie öfter „göttliche Liebe“. Ficinos Hauptpunkt ist, daß er die Liebe zu einem anderen Menschen nur als mehr oder weniger bewußte Vorbereitung für die Liebe zu Gott ansieht, welche das wahre Ziel und den wahren Inhalt menschlichen Verlangens bildet und die nur durch den in ihnen erscheinenden reflektierten Glanz göttlicher Güte und Schönheit auf Menschen und Dinge gelenkt wird. Er besteht darauf, daß wahre Liebe und Freundschaft immer gegenseitig seien. Eine wahre Beziehung zwischen zwei Menschen ist eine Gemeinschaft, die sich auf das Wesentliche im Menschen gründet: d.h. sie beruht in jedem von ihnen auf seiner ursprünglichen Liebe zu Gott. Es kann niemals nur zwei Freunde geben; es müssen immer drei sein, zwei Menschen und ein Gott. Gott allein ist das unauflösbare Band und der immerwährende

Garant jeder wahren Freundschaft, denn ein wahrer Liebender liebt den anderen nur Gottes wegen. Mit anderen Worten, wahre Liebe und Freundschaft zwischen mehreren Menschen leitet sich ab von der Liebe des Individuums zu Gott und wird somit zurückgeführt auf das grundlegende Phänomen des inneren Aufstiegs, das den Kern der Philosophie Ficinos darstellt.[9]

Aus Ficinos Briefen wird deutlich, daß er wahre Freundschaft in diesem Sinne für das Band ansah, das die Mitglieder seiner Akademie untereinander und mit ihm, ihrem gemeinsamen Lehrer, verband, und daß er in seiner Akademie nicht nur eine Schule, sondern vielmehr eine Gemeinschaft von Freunden sehen wollte.

Diese Auffassung der platonischen Liebe sollte das 16. Jahrhundert hindurch einen starken Einfluß auf die italienische und europäische Literatur ausüben. Viele Lyriker besangen ihre Liebe mit Worten, die Ficinos Einfluß ebenso widerspiegeln wie den des „dolce stil nuovo" und Petrarcas, und es gab ein umfangreiches Korpus von Traktaten und Vorträgen über die Liebe, die direkt oder indirekt weitgehend von Ficinos *Symposiumkommentar* inspiriert waren. In dieser Literatur wurde der Begriff der platonischen Liebe von dem philosophischen Zusammenhang, in dem er bei Ficino ursprünglich entstanden war, losgelöst und wird immer verwässerter und trivialer. Daher hat die Vorstellung von platonischer Liebe für den modernen Leser einen etwas lächerlichen Klang erhalten. Aber wir sollten versuchen, die ursprüngliche Bedeutung wieder in den Blick zu bekommen, und uns daran erinnern, daß die wahre Bedeutung einer Idee am besten im Zusammenhang des Denkens, in dem sie entstand und das gewissermaßen ihre Formulierung notwendig machte, zu verstehen ist. Wenn wir die platonische Liebe bis zu ihrem Ursprung bei Ficino zurückverfolgen, kann sie uns immer noch als eine sonderbare und uns fernliegende Vorstellung erscheinen, aber wir werden zumindest verstehen, daß sie einen ernsten Gehalt hatte und daß sie auf die zentralen Ideen seiner Philosophie bezogen war.

Zuletzt möchte ich noch einen Aspekt im Denken Ficinos erwähnen, nämlich sein Verständnis von der Religion und ihrem Verhältnis zur Philosophie. Ficino war Priester und Kanonikus des Domes zu Florenz, er hatte angemessene Kenntnisse in der christlichen Theologie und verfaßte sogar einen apologetischen Traktat über die christliche Religion und einige weitere theologische Werke. Es kann nicht den geringsten Zweifel daran geben, daß er nicht beabsichtigte, vom rechten Glauben abzuweichen, obwohl einige seiner Lehren zweifelhafte Implikationen zu haben scheinen mögen und obwohl er einmal in Gefahr schwebte, für die in seinem Werk *De vita* (1489) geäußerten Ansichten über Astrologie und Magie von der Kirche verdammt zu werden. Er bestand auf seinem christlichen Glauben, unterwarf sich dem Urteil der Kirche und war sogar bereit, von den Ansichten seiner platonischen Lieblingsphilosophen abzuweichen, wenn sie der christlichen Lehre zu widersprechen schienen. So überrascht es uns nicht, aus seinem Munde zu hören, das Christentum sei die vollkommenste aller Religionen. Gleichzeitig sieht er einiges Positive in der Vielfalt der Religionen und beharrt darauf, daß eine jede Religion, wie primitiv sie auch immer sein möge, wenigstens indirekt auf den einen wahren Gott bezogen sei. Mit dieser impliziten Toleranz gegen andere Religionen kommt Ficino einem Begriff der natürlichen Religion sehr nahe, eine Haltung, die ihn zu einem Vorgänger des Herbert von Cherbury, der Deisten und anderer Befürworter einer universalen Religion macht. Gottesverehrung ist, so sagt er, für den Menschen fast so natürlich wie das Wiehern für die Pferde und das Bellen für die Hunde. Die gemeinsame Religion aller Völker, die einen Gott zu ihrem Objekt hat, ist für die Gattung Mensch natürlich. Diese Religion, die ihrerseits auf das ursprüngliche Wissen des Menschen von Gott und seine Liebe zu ihm aufbaut, ist nicht mit den Tieren gemeinsam, sondern dem Menschen eigentümlich, Teil seiner Würde und Auszeichnung und eine Entschädigung für die vielen Mängel und Schwächen seiner Natur.[10]

Was die Beziehung der Religion und Philosophie zueinander anbelangt, so ist Ficino überzeugt, daß die wahre Religion, d.h. das Christentum, und die wahre Philosophie, d.h. der Platonismus, fundamental miteinander harmonisieren, und er neigt dazu, sie als Schwestern zu behandeln, statt zu versuchen, die eine in den Dienst der anderen zu stellen. Er glaubt, daß es die Aufgabe der platonischen Vernunft sei, christlichen Glauben und christliche Autorität zu bestätigen und zu unterstützen, und sieht es sogar als seine eigene, ihm von der göttlichen Vorsehung zugewiesene Mission an, die wahre Philosophie zur Förderung der wahren Religion neu zu beleben. Denn diejenigen, die nicht durch den Glauben allein geleitet werden können, können nur durch die Vernunft und die vollkommenste Philosophie zur Wahrheit geführt werden.[11]

Im Lichte dieser Beziehung erhält die Kontinuität der platonischen Tradition für Ficino eine neue Bedeutung. Da von dieser Tradition angenommen wird, sie gehe auf Hermes und Zoroaster zurück, hält man sie für so alt wie die religiöse Tradition der Juden, und also verlaufen die jüdisch-christliche religiöse Tradition und die hermetisch-platonische philosophische Tradition von den frühen Anfängen durch die Antike und das Mittelalter hindurch bis in die Gegenwart in einem parallelen Kurs durch die Geschichte der Menschheit.[12] In Übereinstimmung mit dieser Ansicht Ficinos schrieb Augustinus Steuchus, ein katholischer Theologe des 16. Jahrhunderts, seine Schrift *De perenni philosophia* (1540), ein Terminus, den er für die platonische Tradition prägte,[13] welcher jedoch, ohne weitere historische oder philosophische Rechtfertigung, seit einiger Zeit auf die thomistische Tradition angewandt wird.

Art und Rang der Lehren Ficinos brachten es mit sich, daß man zu seinen Lebzeiten und lange Zeit nach ihm auf sie Bezug nehmen mußte, auch in den Fällen, in denen er nur als Vermittler früherer Ideen fungierte. Wir haben bereits mehrere Beispiele dieses Einflusses erwähnt, aber zum Abschluß kann es nützlich sein, eine vollere Beschreibung der Art dieses Einflusses zu geben. Was Florenz anbelangt, die schöne Hauptstadt der Renaissance und neben Athen und Paris eines der wichtigsten Zentren der abendländischen Kultur, so müssen wir die Tatsache anerkennen, daß Ficino, ungleich den anderen großen Florentiner Denkern, die Dichter oder Staatsmänner, Künstler oder Wissenschaftler waren, der größte Florentiner Philosoph und Metaphysiker im vollen Sinne des Wortes war. Er und sein Kreis drückten einer ganzen Periode florentinischer Kultur ihren Stempel auf und fügten ihr ein Element hinzu, das vorher gefehlt hatte und für mehrere Generationen präsent bleiben sollte. Unter den vielen Florentiner Gelehrten und Schriftstellern des späten 15. Jahrhunderts, die den Einfluß von Ficinos Platonismus offenbaren, finden wir Cristoforo Landino, den Autor der *Camaldulensischen Disputationen* und eines einflußreichen Kommentars zu Dantes *Göttlicher Kommödie,* und Lorenzo de' Medici, der nicht nur ein glänzender Staatsmann, sondern auch einer der besten italienischen Dichter seines Jahrhunderts war. Ficinos Schüler Francesco da Diacceto trug seine Tradition in die ersten Jahrzehnte des 16. Jahrhunderts weiter, und im weiteren Verlauf des Jahrhunderts wurde die platonische Philosophie sowohl an der neuen Florentiner Akademie von 1540 als auch an der Universität Pisa gepflegt. Eben dieses platonische geistige Klima in Florenz und Pisa erklärt manche Ansichten und Voraussetzungen bei Galilei, wie aus seinen Schriften deutlich erkennbar ist. Im übrigen Italien war Ficino in weitem Umkreis bekannt und gelesen. Wie wir gesehen haben, schöpften Dichter und Prosaschriftsteller aus seiner Theorie der Liebe und Theologen und Philosophen aus seiner Lehre von der Unsterblichkeit und einigen anderen seiner Theorien. Wir werden seinem Einfluß bei einigen führenden Philosophen wie Patrizi und Bruno begegnen, und auch die Denker, die seinen Ansichten widersprachen, waren von seiner Gelehrsamkeit und seinem Scharfsinn beeindruckt.

Ficinos Einfluß war keineswegs auf Italien beschränkt. Schon zu seinen Lebzeiten kann man sowohl persönliche Kontakte als auch die Verbreitung seiner Werke in den meisten europäischen Ländern nachweisen, in Ungarn, Böhmen, Polen, Spanien, den Niederlanden, England, Frankreich und Deutschland. Unter seinen Bewunderern finden wir Reuchlin und Colet, Gaguin und Lefèvre d'Etaples, um nur die berühmtesten zu nennen. Im Verlauf des 16. Jahrhunderts wurden seine Werke in ganz Europa neuaufgelegt, gesammelt, gelesen und zitiert. In Deutschland waren vor allem seine medizinischen und astrologischen Traktate verbreitet.

Den größten Erfolg außerhalb Italiens scheint er in Frankreich gehabt zu haben.[14] Er wurde von dem überaus fruchtbaren Autor Symphorien Champier ausgiebig zitiert und plagiiert. Der Kreis um die Königin Margarete von Navarra und die Dichterschulen von Lyon und der Pléiade waren weitere Zentren seines Einflusses; sie übertrugen einige seiner Schriften und Teile seiner lateinischen Platonübersetzung ins Französische. Elemente seines Platonismus finden wir bei Bovillus und Postel, Louis Le Roy und Bodin und nicht so sehr bei Petrus Ramus, der sich manchmal als Platoniker bezeichnete, als vielmehr bei dessen Todfeind Jacques Charpentier. Sogar bei Descartes gibt es, neben den scholastischen Elementen, die in der jüngeren Forschung so stark hervorgehoben werden, starke Einflüsse des Platonismus (und Stoizismus), die viel weniger diskutiert werden, aber nichtsdestoweniger vorhanden sind.[15] Außerhalb Frankreichs brauchen wir nur Erasmus und Morus, Fox Morcillo, Paracelsus und Cornelius Agrippa von Nettesheim und schließlich Kepler zu erwähnen, um uns die Bedeutung des Platonismus für das europäische Denken im 16. Jahrhundert zu vergegenwärtigen sowie die enge Verbindung dieses Einflusses mit den Schriften, Übersetzungen und Kommentaren Marsilio Ficinos.

Nach Galilei und Descartes begann mit dem 17. Jahrhundert eine neue Epoche der europäischen Philosophie und Wissenschaft. Die spekulative Kosmologie der Renaissance war innerhalb des Rahmens einer Naturwissenschaft, die sich auf Experimente und mathematische Formeln gründete, nicht mehr möglich. Der Einfluß des Platonismus bestand jedoch in der Metaphysik und Erkenntnistheorie so großer Philosophen wie Spinoza, Leibniz, Malebranche und Berkeley weiter fort. Er wurde sogar neu belebt in solchen weniger bedeutenden Strömungen wie der Cambridger Schule. Darüber hinaus überlebte sogar die Kosmologie des Renaissanceplatonismus außerhalb des Bereiches der Naturwissenschaften in der Poesie und dem Okkultismus späterer Jahrhunderte. Und da Platons eigene Autorität für viele Denker und Schriftsteller weiterhin eine gewaltige Kraft hatte, finden wir noch bei Kant und Goethe einige Theorien mit seinem Namen und Prestige in Verbindung gebracht, die in Wirklichkeit von seinem Florentiner Übersetzer und Kommentator stammen.[16] Auch von Coleridge erfahren wir aus seiner *Biographia Literaria*, daß er in seiner Jugend (und das war gegen Ende des 18. Jahrhunderts) Platon und Plotin zusammen mit den Kommentaren und der *Theologia Platonica* des berühmten Florentiners las.[17]

Erst im 19. Jahrhundert verlor der Renaissanceplatonismus auch diesen anonymen oder pseudonymen Einfluß. Seine direkte Rolle als geistige Macht fand ihr Ende, als die neue Schule des historischen und philologischen Kritizismus begann, rigoros (manchmal allzu rigoros) zwischen der authentischen Philosophie Platons und der seiner Nachfolger und Kommentatoren in Spätantike und Renaissance zu unterscheiden.

Aber obwohl die Ideen des Florentiner Platonismus aufgehört haben, uns in ihrer ursprünglichen und buchstäblichen Form zu beeinflussen, haben wir begonnen, ihre wahre historische Bedeutung zu würdigen. Ficinos Platonismus war nicht nur ein wichtiger Bestandteil im philosophischen Denken der Epoche der Renaissance; er ist auch trotz all seiner Mängel und Schwächen einer der wichtigsten und interessantesten Abschnitte in der Geschichte des Platonismus, einer Geschichte, die wir nicht mehr bis Hermes und Zoroaster, sondern vielmehr bis zu Parmenides und den Pythagoreern zurückzuverfolgen bereit sind und die heute noch nicht abgeschlossen ist. Denn wenn man unter Platonismus nicht die buchstäbliche Wiederholung der Theorien Platons versteht, sondern eine fortwährende Adaptation und Einbeziehung seiner Grundgedanken in Übereinstimmung mit der Einsicht und den Überzeugungen jedes neuen Denkers, so wird er fortbestehen und in der Zukunft auf viele verschiedene Weisen neu formuliert und wiederbelebt werden wie schon in der Vergangenheit. Deswegen kann man in ihm mit ebensoviel Recht wie in jeder anderen geistigen Strömung der abendländischen Kultur eine lebendige Tradition sehen und (warum nicht?) eine „*philosophia perennis*".

Kap. 4

PICO

Giovanni Pico della Mirandola erfreute sich zu seinen Lebzeiten eines ungewöhnlichen Ausmaßes an Zuneigung und Bewunderung, und in den späteren Jahrhunderten blieb bis auf den heutigen Tag der Ruhm und Zauber seines Namens unvermindert bestehen. Diese Faszination, die sich sogar auf die volkstümliche Phantasie erstreckte, hat sich als stärker erwiesen als die der meisten anderen Denker und Gelehrten der Renaissance. Sein Reichtum und seine edle Herkunft, sein persönlicher Charme, sein tragisches Leben und sein früher Tod und die Frühreife und Vielseitigkeit seiner Begabung haben zweifellos ihren Anteil an seinem ungewöhnlichen Ruhm. Aber unter dem Glanz der Oberfläche enthüllt die Untersuchung seiner Werke die solide Grundlage seiner Bildung, die Klarheit und Ehrlichkeit seines Denkens und die Fruchtbarkeit seiner wichtigsten Lehren. Da er im Alter von 31 Jahren starb, blieben viele seiner anspruchsvolleren Werke unvollendet oder ungeschrieben, und es war ihm vor allem nicht vergönnt, seine verschiedenen Erkenntnisse in die reife Form eines einheitlichen Systems zu gießen. Seine brillanten Einfälle bleiben fragmentarisch, aber dies tut ihrer inhaltlichen Bedeutung und ihrem historischen Einfluß keinen Abbruch; es ist nur eine Tatsache, die wir nicht außer acht lassen sollten, wenn wir zu einem angemessenen Verständnis seines Werkes gelangen wollen.

Pico wird oft als einer der Hauptvertreter des Renaissanceplatonismus und als der führende Kopf der Florentiner Akademie neben oder sogar noch über Ficino angesehen. Diese Meinung ist nicht völlig falsch, bedarf aber einiger wichtiger Einschränkungen. Pico verbrachte seine sechs letzten und produktivsten Lebensjahre in Florenz, war mit Ficino und anderen Mitgliedern seines Kreises durch enge Freundschaft verbunden und wohnte vermutlich vielen Treffen der Platonischen Akademie bei. Einige Mitglieder der Akademie waren von ihm ebenso stark beeinflußt wie von Ficino. Aber die Akademie war schon 26 Jahre lang tätig gewesen, bevor Pico sich in Florenz niederließ, Ficino war ihr unangefochtener Leiter, und die meisten ihrer Mitglieder nahmen seine Lehren auf und blieben unberührt von den Lehren Picos. Darüber hinaus entwickelte Pico bald, obwohl er sich selber als Schüler des um dreißig Jahre älteren Ficino betrachtete, mehrere eigenständige philosophische Lehren und zögerte nicht, Ficino in wichtigen Punkten zu widersprechen, eine Tatsache, die ihre persönliche Freundschaft nicht schmälerte. Deshalb kann man Pico nicht als Anführer oder typischen Vertreter der Florentiner Akademie ansehen, obwohl er in manchem Sinne ein Mitglied der Akademie war und einigen von uns sein Beitrag bedeutender erscheinen mag als der Ficinos selber.

Ähnliche Einschränkungen müssen wir bezüglich des Platonismus Picos machen. Pico geriet unter den Einfluß Ficinos, er war in den antiken Quellen des Platonismus wohl belesen und maß seinen Lehren eine gewisse Bedeutung bei, und all dies brachte ihn dem Standpunkt Ficinos näher als dem üblichen Standpunkt eines Berufsphilosophen seiner Zeit. Außerdem machte sich sein Einfluß oft neben dem Ficinos geltend, mit welchem sein Name eng verbunden war. Aber im Gegensatz zu Ficino behauptete er niemals, die platonische Philosophie wiederzubeleben oder ihr die Vorherrschaft über andere philosophische Schulen zuzuweisen. Er wollte sich nicht einmal selber Platoniker nennen, und sein höchstes Ziel war es, Platonismus und Aristotelismus miteinander und mit einer Reihe anderer Lehren zu versöhnen und in Einklang zu bringen. Eine solche Einstellung war nur allzu verständlich, denn wie wir sehen werden, war er viel vertrauter mit den Traditionen des mittelalterlichen Aristotelismus als Ficino, und er eignete sich Kenntnisse der Quellen jüdischen und arabischen Denkens an, die Ficino nie besaß.

Giovanni Pico wurde 1463 in Mirandola geboren. Er war ein jüngerer Sohn der Familie der Grafen von Mirandola und Concordia, die als Feudalherren über ein kleines Territorium in Norditalien herrschten. Die erste humanistische Ausbildung in Latein und vielleicht auch in Griechisch hat er wohl in früher Kindheit erhalten. Da seine Mutter ihn für eine kirchliche Karriere bestimmt hatte, wurde er im Alter von 10 Jahren zum päpstlichen Protonotar ernannt und begann 1477 in Bologna mit dem Studium des Kanonischen Rechts. Zwei Jahre später begann er an der Universität von Ferrara Philosophie zu studieren und setzte sein Studium von 1480 bis 1482 an der Universität von Padua fort, einem der Hauptzentren der aristotelischen Tradition. In Padua war er Schüler des jüdischen Averroisten Elia del Medigo. In dieser Zeit kam er an verschiedenen Orten mit humanistischen Gelehrten in Berührung und besuchte mehrmals Florenz, wo er Ficino und Poliziano begegnete. Die folgenden Jahre verbrachte er zu Hause und auf verschiedenen Reisen und setzte dabei seine griechischen Studien fort. 1484 ließ er sich vorübergehend in Florenz nieder, und 1485 besuchte er die Pariser Universität, die noch immer das Hauptzentrum der scholastischen Philosophie und Theologie war; 1486 kehrte er nach Florenz zurück. Nachdem er in eine seltsame Liebesaffäre verwickelt worden war, zog er nach Perugia, studierte dort unter der Leitung einiger jüdischer Lehrer Hebräisch und Arabisch und begann, sich außer für Averroes auch für die jüdische Kabbala zu interessieren, eine mittelalterliche mystische und spekulative Tradition, die beanspruchte, antiken Ursprungs zu sein, und tatsächlich stark von neuplatonischen Spekulationen beeinflußt war. Bis zum Ende des Jahres 1486 hatte er seine berühmten neunhundert Thesen verfaßt und erbot sich, sie im darauffolgenden Jahr in Rom in einer öffentlichen Disputation zu verteidigen, zu der er Gelehrte aus allen Teilen Europas einlud.

Der Inhalt einiger dieser Thesen provozierte den Einspruch verschiedener Theologen, und Papst Innozenz VIII. berief einen Ausschuß zu ihrer Untersuchung ein. Die Kommission verurteilte sieben davon als nicht rechtgläubig, erklärte weitere sechs für verdächtig und wies Picos Erklärungen zurück. Als Pico eine Verteidigung dieser dreizehn Thesen veröffentlichte, verurteilte der Papst alle neunhundert, obwohl Pico eine Gehorsamserklärung unterzeichnet hatte. Pico entschloß sich zur Flucht nach Frankreich, wo er 1488 auf Verlangen der päpstlichen Gesandtschaft verhaftet wurde. Auf die Intervention mehrerer italienischer Fürsten hin wurde er von König Karl VIII. wieder aus dem Gefängnis entlassen. Er kehrte nach Italien zurück und erhielt die Erlaubnis des Papstes, sich sozusagen unter bedingter Haftentlassung und unter dem persönlichen Schutz von Lorenzo de' Medici in Florenz niederzulassen. Dort verbrachte er den Rest seines Lebens, ausgenommen einige kurze Besuche in Ferrara, und dort schrieb oder begann er seine wichtigsten Werke, wobei er nicht nur mit dem Mediceer Kreis und der Platonischen Akademie, sondern auch mit Savonarola engen Kontakt aufrechterhielt. 1493 wurde er durch Innozenz' Nachfolger, Alexander VI., von allen kirchlichen Verboten und Einschränkungen losgesprochen. Er starb am 17. November 1494, am selben Tag, an dem Karl VIII. von Frankreich nach der Vertreibung von Piero de' Medici in Florenz einmarschierte.

Picos vorzeitiger Tod, dem Lorenzo de' Medici, Ermolao Barbaro und Poliziano vorausgegangen waren und dem Ficino, der sich seit langem von den meisten seiner Tätigkeiten zurückgezogen hatte, einige Jahre später folgte, bezeichnete das Ende einer bedeutenden Epoche in der Geschichte der Florentiner und der italienischen Kultur. Picos Philosophie gehört vollständig dieser Periode an, und es ist sinnlos, darüber zu spekulieren, wie sie sich noch entwickelt haben könnte oder wie er in die folgende Periode gepaßt haben könnte, wenn ihm eine normale Lebensdauer beschieden gewesen wäre.

Picos erhaltene Werke sind, an der Kürze seines Lebens gemessen, zahlreich, und sie spiegeln das weite Spektrum seiner Interessen wider. Er verfaßte eine Reihe italienischer Liebessonette, von denen einige auf uns gekommen, und sehr viele lateinische Gedichte, von denen die meisten verlorengegangen sind. Ein Teil seiner Briefe wurde nach seinem Tod von seinem Neffen gesammelt, und man kann sie, zusammen mit der berühmten *Oratio,* die ebenfalls nach seinem Tode veröffentlicht wurde, als den humanistischen Teil seiner literarischen Produktion bezeichnen. Zu der scholastischen Seite seines Werkes kann man die neunhundert Thesen rechnen und insbesondere die *Apologia* (1487), seine Verteidigung der dreizehn, von der päpstlichen Kommission kritisierten Thesen. Ein weiteres Frühwerk ist sein ziemlich langer Kommentar zum platonischen Liebesgedicht seines Freundes Girolamo Benivieni (1486). Zu seinen reifen philosophischen Schriften gehören der *Heptaplus* (1489), eine siebenfache Interpretation der ersten Verse der Genesis (1:1–27), und *De ente et uno* (1491), das posthum veröffentlicht wurde. Sein umfangreichstes Werk ist der posthum erschienene Traktat gegen die Astrologie, der zwölf Bücher umfaßt. Dazu kommen einige kurze Schriften religiösen und theologischen Inhalts sowie mehrere Fragmente eines Kommentars zu den Psalmen, die sich in einer Reihe verstreuter Handschriften erhalten haben. Wir wissen von einigen anderen Werken, die er zu schreiben plante, aber es gibt keinen Beleg dafür, daß er es auch tatsächlich getan hat.

Ein aufschlußreiches Dokument für Picos philosophische und historische Haltung aus seinen jüngeren Jahren ist sein Briefwechsel mit Ermolao Barbaro (1485), der zu Recht unter den Historikern der Renaissancephilosophie berühmt geworden ist. Ermolao, ein bekannter Venezianer Humanist, war ein gewissenhafter Erforscher des griechischen Textes der Werke des Aristoteles und hatte es sich zur Aufgabe gemacht, den wahren Aristoteles durch neue Übersetzungen und Kommentare bekannt zu machen; dieses Vorhaben blieb wegen seines frühen Todes im Jahre 1493 unausgeführt. Ermolaos Bewunderung für den originalen Aristoteles ging zusammen mit tiefer Verachtung für seine mittelalterlichen arabischen und lateinischen Interpreten, eine Einstellung, die uns an Petrarca erinnert; in einem Brief an Pico nannte er die mittelalterlichen Philosophen unkultiviert und barbarisch, nicht des Lesens oder des Studierens wert. Pico antwortete in einem langen Brief, worin er die mittelalterlichen Philosophen lobt und verteidigt und mit großer Beredsamkeit darauf beharrt, daß das, was in den Schriften der Philosophen zählt, nicht ihre Worte oder ihr Stil, sondern ihre Gedanken oder der Inhalt seien. Während Ermolao, wie Petrarca und die anderen frühen Humanisten, die scholastischen Philosophen wegen ihres Mangels an Eleganz und klassischer Bildung verachtet, ist Pico bereit, die Solidität ihres Denkens anzuerkennen und von ihnen zu lernen, was immer sie an Wahrheit und Einsicht bieten.[1] Die Grenze zwischen Humanismus und Scholastik ist klar gezogen als die Grenze zwischen Rhetorik und Philosophie, und obwohl Pico von der humanistischen Bildung zutiefst durchdrungen ist, wie Ermolao in seiner Antwort anerkennt, schlägt er sich doch auf die Seite der Scholastik oder mindestens einer Synthese, die beiden konkurrierenden Seiten Gerechtigkeit widerfahren ließe. Ficinos Haltung war, wenn auch weniger explizit, in ihren Grundlagen der Picos ähnlich, denn auch er hatte in gewissem Ausmaß scholastische Bildung absorbiert und zitierte einige mittelalterliche Philosophen, darunter Averroes und Thomas, mit großem Respekt.

Dies ist ein weiterer Grund, weswegen ich es nicht für angemessen halte, die Florentiner Platoniker lediglich als Anhänger des Humanismus zu behandeln, wie es viele italienische Gelehrte gerne täten. Die Renaissanceplatoniker repräsentieren eine neue und andersartige Einstellung zur Philosophie, zu der sowohl der Humanismus als auch die Scholastik in einigen Punkten beigetragen haben. Picos Manifest muß einen tiefen Eindruck hinterlassen haben, und es ist bezeichnend, daß viele Jahre nach dem Tode Ermolaos und Picos der Humanist und Reformator Melanchthon, der Aristoteles bewunderte, aber die Scholastik verachtete, eine Antwort auf Picos Brief verfaßte, in welcher er noch einmal Ermolaos Position verteidigte.[2]

Picos Verteidigung der scholastischen Philosophen in seinem Brief an Ermolao war nur ein besonderes Beispiel für eine viel umfassendere historische und philosophische Einstellung, die von Picos Interpreten zu Recht betont und häufig als sein Synkretismus bezeichnet wird. Der Terminus ist von dem spätantiken Synkretismus entliehen, als vor Aufstieg und Sieg des Christentums die verschiedenen Religionen der vielen Völker, die Teil des römischen Imperiums waren, als vereinbar betrachtet wurden und ihre diversen Gottheiten assimiliert und mit denen der Griechen und Römer identifiziert wurden. Auf Pico bezogen bezeichnet der Terminus seine Meinung, daß alle bekannten philosophischen und theologischen Schulen und Autoren bestimmte wahre und gültige Einsichten enthalten, die miteinander vereinbar sind und es deswegen verdienen, wiederaufgenommen und verteidigt zu werden. Dies war der Grundgedanke seiner geplanten Disputation. Denn die neunhundert Thesen, einige der „secundum opinionem propriam“ vorgetragenen miteingeschlossen, gründeten sich auf die unterschiedlichsten Quellen: Hermes, Zoroaster, Orpheus und Pythagoras, Platon und Aristoteles und sämtliche griechischen Anhänger und Kommentatoren beider, Avicenna und Averroes samt anderen arabischen Philosophen, Thomas von Aquin und Duns Scotus sowie einige andere mittelalterliche lateinische Denker und endlich auch die jüdischen Kabbalisten.[3]

Wenn Pico alle diese Quellen benutzte und jeder von ihnen aus den Thesen einzelne Gruppen zuwies, wollte er nicht so sehr seine Gelehrsamkeit zeigen, obwohl auch dies eine Rolle gespielt haben mag, als vielmehr seine grundsätzliche Überzeugung zum Ausdruck bringen, daß alle diese Denker und Einzelne von ihnen einen wirklichen Anteil an der philosophischen Wahrheit hatten. Sein Begriff einer universalen Wahrheit, an der jeder der verschiedenen Denker und Schulen bis zu einem bestimmten Grad teilhat, bedeutet einen Versuch der Auseinandersetzung mit den offensichtlichen Gegensätzen und Widersprüchen in der Geschichte der Philosophie, welcher mit den diesbezüglichen Bemühungen der Neuplatoniker oder Hegels vergleichbar ist. Aber Pico glaubt nicht, wie die antiken Eklektiker, daß alle größeren Philosophen in ihrem Denken übereinstimmen und sich nur in ihren Worten widersprechen. Auch glaubt er nicht, wie Hegel und die modernen Perspektivisten, daß ein jedes Denksystem im Ganzen genommen einen Einzelaspekt der universalen Wahrheit darstellt. Für Pico besteht, im Einklang mit seinem scholastischen Hintergrund, die Wahrheit aus einer großen Anzahl wahrer Sätze, und die verschiedenen Philosophen haben insofern Anteil an der Wahrheit, als ihre Schriften neben zahlreichen Irrtümern eine Reihe von Einzelaussagen enthalten, die als wahr anerkannt werden und daher aufgenommen werden müssen. Daß dies seine Einstellung war, können wir seiner berühmten *Oratio* entnehmen, welche ja als einleitende Rede zu seiner geplanten Disputation verfaßt worden war. Der ganze zweite Teil dieser Rede war darauf angelegt, Natur und Absicht seiner Thesen zu rechtfertigen, und es hatte daher seinen guten Grund, daß er ihn in seiner *Apologia* fast wortwörtlich wiederholte. Er beharrt darauf, daß er nicht an die Lehren eines Lehrers oder einer Schule gebunden sei, sondern sie alle erforscht habe. Statt sich auf eine einzige Schule zu beschränken, habe er aus ihnen allen genommen, was seinem Denken entsprach, denn eine jede habe etwas eigenes beizutragen.[4]

Picos Synkretismus kann man mit dem Ficinos vergleichen, welcher dazu die Grundlage geschaffen hatte, nämlich mit seiner Theorie der natürlichen Religion, seiner Auffassung von der platonischen Tradition und ihrem Ursprung bei Hermes, Zoroaster und den anderen frühen Theologen und mit seiner Betonung der fundamentalen Harmonie von Platonismus und Christentum. Pico baut auf den gleichen Vorstellungen auf, aber bei ihm sind sie Teil einer viel weiteren und umfassenderen Synthese, die zwei wichtige neue Elemente enthält: Pico bezieht ausdrücklich Aristoteles mit seiner gesamten griechischen, arabischen und lateinischen Gefolgschaft mit ein; und zu diesen vorher bekannten Quellen fügt er die jüdischen Kabbalisten hinzu, die er im Verlauf seiner Hebräischen Studien kennenlernte, und er ist somit vermutlich der erste christliche Gelehrte, der die kabbalistische Literatur benutzt. Diese zwei Aspekte des Synkretismus Picos, seine Einstellung zum Aristotelismus und zur Kabbala, unterscheiden ihn deutlich von Ficino und anderen Vorläufern; sie sollten darüber hinaus nicht nur in Picos eigener späterer Philosophie weiterentwickelt werden, sondern auch die Philosophie des 16. Jahrhunderts stark beeinflussen. Der Synkretismus der Florentiner Platoniker wird zu Recht von einigen Historikern als Vorstufe zu späteren Theorien religiöser und philosophischer Toleranz gepriesen; indem Pico Reichweite und Inhalt dieses Synkretismus erweiterte, schuf er die Grundlage für eine umfassendere Toleranz.

Picos Behandlung der Kabbala betraf nicht so sehr die Aufnahme spezifisch kabbalistischer Theorien als vielmehr die allgemeine Anerkennung der Kabbala. Tatsächlich waren einige der Theorien, die er von kabbalistischen Autoren entlehnt zu haben scheint, nicht notwendig kabbalistischen Ursprungs, wie z.B. das Schema der drei Welten, der Elementarwelt, der Himmelswelt und der Engelswelt, welches er für die ersten drei Abschnitte seines *Heptaplus* benutzt. Vielmehr war sein Hauptbeitrag die Anerkennung des Anspruchs, den die Anhänger der Kabbala erhoben, nämlich daß ihre Schriften auf einer geheimen Tradition fußten, welche, mindestens in einer mündlichen Überlieferungsform, bis auf biblische Zeiten zurückging. Die Kabbala erlangte somit eine zur Bibel parallele Autorität, ähnlich wie sie die Theologie des Hermes und Zoroaster in den Augen Ficinos und Picos selber inne hatten. Darüber hinaus wandte Pico auf die Kabbala ein Prinzip an, welches, vom hl. Paulus angefangen, von allen christlichen Autoren für das alte Testament verwendet wurde: er versuchte zu beweisen, daß die kabbalistische Tradition genauso wie die jüdische Bibel grundlegend mit der christlichen Theologie übereinstimmte und deshalb als Prophezeiung und Bestätigung der christlichen Lehre genommen werden konnte. Dies war seine Rechtfertigung für das Studium und die Benutzung der Kabbalisten, wie wir bereits aus dem zweiten Teil seiner *Oratio* ersehen. Mit diesem Argument legte er den Grund für eine ganze Tradition der christlichen Kabbala, die in Reuchlin, Aegidius von Viterbo und vielen anderen Denkern des 16. und nachfolgender Jahrhunderte ihre Befürworter fand, die die Kabbala für die Ziele christlicher Apologetik benutzten.[5]

In Picos eigenen Werken ist der kabbalistische Einfluß nach der Zeit der neunhundert Thesen am spürbarsten im *Heptaplus* und in seinem fragmentarischen Psalmenkommentar, welcher noch zum größten Teil unveröffentlicht ist. Weit über das mittelalterliche Schema der vier Bedeutungen hinausgehend, weist Pico dem Schrifttext einen vielfachen Sinn zu, der den verschiedenen Teilen oder Ausschnitten des Universums entspricht, wie wir aus dem *Heptaplus* erkennen können. Außerdem benutzt er die kabbalistische Methode der Schriftinterpretation, die den hebräischen Buchstaben numerische Werte zuweist und dem Text geheime Bedeutungen entlockt, indem seine Wörter durch andere mit vergleichbaren numerischen Werten ersetzt werden. Diesen Umstand mußte ich erwähnen, um zu zeigen, in welchem Ausmaß kabbalistische Einflüsse in Picos Werk auftreten; bei allem Respekt für Pico will ich aber diese Methode nicht als philologisch korrekt empfohlen haben.

Der zweite kennzeichnende Aspekt des Synkretismus Picos, seine Tendenz, eine grundlegende Übereinstimmung zwischen Platon und Aristoteles anzunehmen, blieb ebenfalls eines seiner größten Anliegen in den späteren Jahren seines Lebens. Wir wissen von seinem Plan, einen ausführlichen Traktat über die Übereinstimmung zwischen Platon und Aristoteles zu schreiben, und seine Freunde nannten ihn gern scherzweise „Princeps Concordiae" (den Fürsten der Eintracht) mit Anspielung auf den Namen der kleinen Stadt Concordia, die zur Feudalherrschaft seiner Familie gehörte. Die Vorstellung, daß Platon und Aristoteles grundlegend miteinander übereinstimmen, obwohl sie sich den Worten und dem Anschein nach unterscheiden, vertritt Pico nicht als erster. Wir finden sie bei Cicero, der sie vermutlich von seinem Lehrer Antiochus von Askalon, dem Begründer des Eklektizismus innerhalb der Schule Platons, übernahm. Wir wissen auch, daß sie als philosophisches Programm Ammonius Saccas, dem Lehrer Plotins, zugeschrieben und von Boethius aufgenommen wird, welcher vorhatte, alle Schriften von Platon und Aristoteles ins Lateinische zu übersetzen. Pico sollte auch nicht der letzte sein, der diese Ansicht vertrat. Zeitgenössische Wissenschaftler haben versucht, die Kluft zwischen den Dialogen Platons und Aristoteles' erhaltenen späten Schriften zu überbrücken, indem sie eine mündliche Lehre Platons, die vermutlich nahe an Aristoteles war, und die Philosophie in Aristoteles' verlorenen Frühschriften, die offensichtlich nahe an Platon herankam, interpolierten. So erscheint der Unterschied zwischen beiden eher graduell als fundamental. Wenn wir noch einen Schritt weiter gehen, wie es schon viele Gelehrte getan haben, und annehmen, daß die in Platons Dialogen dargestellten Ideen nicht ernsthaft seiner Auffassung entsprachen, verschwindet der Unterschied gänzlich, eine in vielen Hinsichten gefällige Lösung, aber, soweit sie Platon betrifft, um den Preis erkauft, daß wir die einzigen uns zur Verfügung stehenden Dokumente, die Dialoge, preisgeben und dafür eine Fata Morgana zweifelhafter Hypothesen und Rekonstruktionen als Gewinn eintauschen. Es ist kein Wunder, daß viele Platonkenner nicht allzu glücklich über diese Lösung sind. Denn wenn wir uns an die überkommenen Schriften halten, dann sind die Gegensätze zwischen Platon und Aristoteles offenkundig und schwer zu vermitteln. Daher bedeutet die Annahme, daß sie beide dasselbe gemeint hätten, letztlich, daß beide entweder das meinten, was Platon gesagt hat, oder das, was Aristoteles gesagt hat.

Die Renaissancephilosophen, mit denen wir uns befassen, konnten sich diesem Dilemma nicht entziehen. Ficino, der kein Vorurteil gegen Aristoteles hatte, folgte im großen und ganzen der neuplatonischen Linie: Aristoteles ist nützlich wegen seiner Beiträge zu Logik und Naturphilosophie, aber in der Metaphysik und Theologie Platon weit unterlegen. Deswegen muß Aristoteles Platon untergeordnet werden, und in allen Fällen, in denen sie einander zu widersprechen scheinen, muß man Platon folgen. Pico hatte dank seiner gründlichen scholastischen Ausbildung ein viel engeres Verhältnis zu Aristoteles und seiner Schule. Wenn Plotin und andere Neuplatoniker Platon auf eine Art interpretierten, die Aristoteles widersprach, mußten sowohl ihre philosophischen Lehrmeinungen als auch ihre Platoninterpretation irrig sein.

Dies ist in groben Zügen Picos Auffassung in *De ente et uno*, einem kleinen Traktat, den er gegen Ende seines Lebens verfaßt hatte, dem einzigen erhaltenen Fragment seines geplanten Werkes über die Harmonie zwischen Platon und Aristoteles, vielleicht dem einzigen tatsächlich geschriebenen Stück. Die Problemstellung ist interessant und historisch von großer Bedeutung. Es wird gefragt, ob das Sein und das Eine den gleichen Umfang haben, wie Aristoteles im zehnten Buch der *Metaphysik* behauptet, oder ob Einheit ein weiterer Begriff ist als Sein, da sie einem übergeordneten metaphysischen Prinzip entspringt, wie es der Ansicht Plotins und anderer Neuplatoniker entspricht. In Übereinstimmung mit der scholastischen Lehre von den Transzendentalien unternimmt es Pico, die Position des Aristoteles zu verteidigen. Dann versucht er zu beweisen, daß Platon nicht, wie die Neuplatoniker behaupten, der entgegengesetzten Auffassung gewesen sei. Zur Unterstützung seiner These zitiert Pico einen Abschnitt aus Platons *Sophistes* und verwirft das Zeugnis des *Parmenides* mit dem Argument, dieser Dialog sei lediglich eine dialektische Übung. (In diesem Punkt bekommt Pico Unterstützung von einem heutigen Wissenschaftler[6], widerspricht aber der von Hegel vertretenen Meinung, der *Parmenides* sei die spekulativste unter allen platonischen Schriften.)

Wir können nicht allen Argumenten Picos zu diesem komplizierten Thema nachgehen, aber wir wollen die Aufmerksamkeit auf seine scharfe Distinktion zwischen dem Sein selber und dem partizipierten Sein lenken, die ihm ermöglicht zu behaupten, daß Gott identisch sei mit dem Sein in der ersten Bedeutung des Wortes, aber dem Sein in der zweiten Bedeutung übergeordnet.[7] Die Harmonie zwischen Platon und Aristoteles stellt sich als recht aristotelisch heraus, wenigstens in ihrem Wortlaut, denn sie schließt die Ansichten Plotins und der Neuplatoniker aus; aber in anderer Hinsicht ist sie weder platonisch noch aristotelisch. Das führte dazu, daß Picos Standpunkt auf der einen Seite von Ficino kritisiert wurde, der Plotin in seinem Kommentar zum *Parmenides* verteidigte, und auf der anderen Seite von dem Aristoteliker Antonio Cittadini, welcher eine Reihe von Einwänden formulierte, die zuerst von Pico selbst und später von seinem Neffen und Herausgeber Gianfrancesco Pico[8] beantwortet wurden. Diese dreiseitige Kontroverse wirft ein interessantes Licht auf die Interpretation und den Einfluß Platons, des Aristoteles und Plotins während dieser Periode und verdiente eine eingehendere Untersuchung, als ihr bisher zuteil geworden ist.

Ein weiterer Aspekt des Denkens Picos, der vielleicht mit seinem Synkretismus zusammenhängt, ist seine Behandlung der klassischen Mythologie. Die antiken Philosophen, insbesondere die Stoiker und Neuplatoniker, hatten eine allegorische Interpretation der Mythen der griechischen Dichter entwickelt, und für sie war dies ein Mittel, um die heidnische Religion mit der philosophischen Wahrheit in Einklang zu bringen. Als die mittelalterlichen Grammatiker weiterhin die klassischen Dichter auf diese Art interpretierten, setzten sie das heidnisch-religiöse Element herab und betonten die implizite universale oder gar christliche Wahrheit, die das Studium dieser Autoren rechtfertigen sollte. Diese Methode wurde von den Humanisten übernommen und weiterentwickelt, und wir finden dafür bemerkenswerte Beispiele in Salutatis Deutung der Arbeiten des Herkules (vor 1406)[9] und in Landinos *Camaldulensischen Disputationen* (ca. 1475), die eine ausführliche moralische Auslegung der *Aeneis* Vergils enthalten. Ficino setzte diese Tradition fort und schöpfte dabei nicht nur aus diesen unmittelbaren Vorläufern, sondern auch aus seinen neuplatonischen Autoritäten, wenn er seine Schriften mit Wiedergabe und allegorischen Auslegungen antiker Mythen ausschmückte. Sein Kommentar zu Platons *Symposium* ist voll von solchen Stellen, ebenso seine Briefe. Ein erwähnenswertes Beispiel ist seine Verwendung des Urteils des Paris in einem Anhang seines Kommentars zu Platons *Philebus.*[10] Pico neigt sogar zu noch größerer Ausführlichkeit in der Diskussion und Interpretation antiker Mythen, besonders in seinem Kommentar zu Benivienis Liebesgedicht, welcher in gewissem Sinn zum selben Genre und zur selben Tradition gehört wie Ficinos *Symposiumkommentar*. In diesem Werk erwähnt Pico mehrmals seinen Plan, einen Traktat über die poetische Theologie zu schreiben. Keinerlei Fragmente sind von diesem Werk auf uns gekommen, und er hat diesen Plan vielleicht niemals ausgeführt. Aber es scheint in Übereinstimmung mit der Ansicht des Aristoteles, die Dichter seien die ersten Theologen gewesen, Picos Absicht gewesen zu sein, ein ausführliches System der implizit in den Mythen der antiken Dichter enthaltenen Theologie zu entwerfen.[11] Auf diese Weise hätte er ihren Anteil an der allgemeinen Wahrheit dargestellt und sie so in den universalen Synkretismus miteinbezogen, der alle ihm bekannten Philosophen und Theologen umfaßte.

Viel berühmter als die bisher besprochenen Themen ist Picos Lehre von der Würde des Menschen und seiner Stellung im Universum. Die Rede, in welcher diese Lehre entwickelt wird, stellt vielleicht das am besten bekannte Dokument der Philosophie in der Frührenaissance dar. In vielen Ausgaben trägt das Werk den Titel *Rede über die Würde des Menschen,* aber, wie viele Wissenschaftler bemerkt haben, bezieht sich dieser Titel eigentlich nur auf den ersten Teil der Rede. Der Originaltitel war einfach *Oratio* (Rede). Verfaßt wurde sie als Eröffnungsrede für die geplante Disputation, und wie wir bereits bemerkt haben, enthält der zweite Teil, der nicht über die Menschenwürde handelt, das tatsächliche Programm der Disputation und hätte demnach besonders gut zu dem Anlaß, für den die Rede geschrieben war, gepaßt. Der Zusatz „über die Würde des Menschen" wurde einfach zu einem späteren Zeitpunkt dem Titel hinzugefügt, weil die Leser besonders von der Idee beeindruckt waren, die den ersten Teil der Rede beherrschte, und vielleicht nicht einmal darüber hinaus bis zum Ende lasen, wie das oft bei hastigen Lesern vorkommt.

Die Hervorhebung des Menschen und die Betonung seiner Würde ist, wie wir sahen, schon im Programm der „studia humanitatis" implizit enthalten, und deshalb nehmen die Humanisten oft zu diesem Thema Stellung, bis hin zu Facio und Manetti, die ihm ganze Traktate widmen. Es ist nachgewiesen worden, daß die Humanisten, wie bereits ihre Zitationen deutlich zeigen, bei der Behandlung dieses Themas ihre spezifischen Argumente aus antiken und patristischen, wenn nicht gar aus mittelalterlichen Quellen schöpften. Wir haben auch davon gesprochen, daß Ficino das Thema aufnahm und ihm eine Art metaphysischen Rahmen gab, indem er der menschlichen Seele eine privilegierte Stellung im Zentrum der universalen Hierarchie zuwies und sie durch ihre vermittelnden Eigenschaften und andererseits durch die Universalität ihres Denkens und ihres Strebens zum verbindenden Faktor des Universums und zum Bindeglied zwischen der intelligiblen und der körperlichen Welt machte.

In seiner *Oratio* ging Pico in mehreren Hinsichten über Ficino hinaus. Besonders wichtig ist, daß er das Problem nicht im Vorbeigehen oder innerhalb des Kontexts eines umfangreichen, anderen Gegenständen gewidmeten Werkes diskutiert, sondern es an hervorgehobener Stelle im Eröffnungsteil einer kurzen und elegant geschriebenen Rede aufnimmt. Außerdem setzt er den Akzent nicht so sehr auf die Universalität des Menschen als vielmehr auf seine Freiheit: statt ihm einen festen, wenn auch privilegierten Platz in der universalen Hierarchie zuzuweisen, stellt er ihn ganz außerhalb davon und behauptet, der Mensch sei fähig, nach eigener Wahl jeden Rang des Lebens einzunehmen, vom Niedrigsten bis zum Höchsten. Keine feste Wohnstatt, so läßt er Gott zu Adam sprechen, noch eine eigene Form noch irgendeine Funktion, die nur dir zukommt, haben Wir dir gegeben, Adam, auf daß du nach eigenem Urteil Wohnstatt, Form und Funktion besitzen mögest, nach denen es dich selbst verlangt. In keine Grenzen gezwungen sollst du, in Übereinstimmung mit deinem eigenen freien Willen, in dessen Hand Wir dich gegeben haben, selber für dich die Grenzen deiner Natur bestimmen. Du sollst Gewalt haben, zu den niederen Formen des Lebens zu degenerieren, welche tierisch sind. Du sollst Gewalt haben, nach dem Urteil deiner Seele zu den höheren Formen wiedergeboren zu werden, welche göttlich sind.[12]

Diese Worte klingen modern und gehören zu den wenigen Stellen aus der philosophischen Literatur der Renaissance, die fast uneingeschränkt bei modernen, sogar bei existentialistischen Lesern Anklang gefunden haben. Ich bin nicht völlig sicher, daß sie so modern gemeint waren, wie sie klingen, und ich glaube kaum, obwohl es oft gesagt wurde, daß Pico, als er sie schrieb, die Lehre von der göttlichen Gnade vergessen oder geleugnet hatte. Schließlich werden diese Worte Gott in den Mund gelegt, und Er richtet sie an Adam vor dem Sündenfall. Dennoch enthalten sie ein beredtes Lob der Würde und der Möglichkeiten des Menschen, und sie erhalten noch größere Kraft, wenn man bedenkt, was die Reformatoren und sogar große Humanisten wie Montaigne über menschliche Schwäche und Eitelkeit zu sagen haben sollten.

Einige Gelehrte haben versucht, Picos Lob der Menschenwürde zu verharmlosen und es lediglich als ein Stück Rhetorik zu betrachten. Diese Ansicht wird durch das Zeugnis des *Heptaplus* widerlegt, welcher mehrere Jahre später und zu einem völlig anderen Zweck verfaßt wurde. Auch hier stellt Pico den Menschen außerhalb der Hierarchie der drei Welten, der Engelswelt, der Himmelswelt und der Elementarwelt, und behandelt ihn als eine vierte Welt für sich und preist ihn und seine Fähigkeiten, wenn auch in einem offenkundigeren theologischen Zusammenhang.[13]

Picos Beharren auf Freiheit und Würde des Menschen erklärt auch, wenigstens zum Teil, seinen Angriff auf die Astrologie, dem er das längste seiner erhaltenen Werke widmet, welches vermutlich in den letzten Jahren seines Lebens verfaßt wurde. Dieses Werk ist voll von detaillierten astronomischen Diskussionen, auf die wir hier nicht näher eingehen können, und offenbart eine erstaunliche Bewandertheit in der astrologischen und antiastrologischen Literatur früherer Jahrhunderte. Er ist oft von modernen Wissenschaftsgeschichtlern als Meilenstein im Kampfe der Wissenschaft gegen den Aberglauben gepriesen worden. Tatsächlich stellt Pico fest, daß die Sterne auf die sublunaren Dinge nur durch ihr Licht und ihre Wärme einwirken und nicht durch irgendwelche anderen okkulten Eigenschaften, die man ihnen beilegen möchte;[14] diese Feststellung klingt sehr nüchtern, wenn auch nicht unbedingt modern. Auch erfahren wir, daß kein geringerer Wissenschaftler als Kepler unter dem Eindruck von Picos Traktat seinen ursprünglichen Glauben an die Astrologie zumindest modifizierte.[15] Aber zu Picos Zeit war der Glaube an die Astrologie mehr als nur ein Aberglaube, und seine Zurückweisung mußte nicht unbedingt wissenschaftlich sein. Als allgemeines System war die Astrologie eng mit der wissenschaftlichen Kosmologie der Zeit verbunden und daher weitgehend anerkannt, nicht nur von Quacksalbern, sondern auch ernsthaften Denkern wie Pontano, Ficino und Pomponazzi. Es gibt keinen Beleg dafür, daß Pico in dieser Hinsicht hauptsächlich von naturwissenschaftlichen Überlegungen geleitet wurde, und wir müssen die Tatsache hinnehmen, daß er die natürliche Magie anerkannte, während er die Astrologie verwarf. Wir wissen zufällig, daß diese Schrift gegen die Astrologie als Teil eines größeren geplanten Werkes entstand, das bei seinem Tod unvollendet geblieben war; dieses Werk richtete sich gegen die Feinde der Kirche. Der grundlegende Impuls seines Angriffs war religiös, nicht naturwissenschaftlich, und er verweist mehrfach darauf, daß sein Haupteinwand gegen die Astrologie lautet: die Sterne sind Körper und wir sind Geistwesen; man kann nicht zugeben, daß ein körperliches, mithin niedrigeres Sein auf unser höheres Selbst einwirken und seine Freiheit einschränken könnte.[16]

Zum Schluß wollen wir ein paar Worte zu Picos Auffassung der Beziehung zwischen Philosophie und Religion sagen. Aus einer Reihe von Dokumenten ist ganz deutlich zu erkennen, daß Pico sich in seinen reiferen Lebensjahren in zunehmendem Maße mit religiösen Problemen auseinanderzusetzen begann, eine Entwicklung, in der der Schock, den die Verurteilung seiner Thesen durch den Papst auslöste, und der Einfluß Savonarolas eine Rolle gespielt haben werden. Abzulesen ist diese Entwicklung an dem religiösen und theologischen Inhalt einiger seiner späteren Schriften und auch an der religiösen Motivation seines Traktats gegen die Astrologie. Überraschenderweise findet sie ihren Ausdruck auch in einigen Abschnitten von *De ente et uno,* einem Werk, das eigentlich ein völlig anderes Problem behandelt. Pico schreibt dort, Gott sei Dunkelheit, und das philosophische Wissen könne uns nur bis zu einem bestimmten Punkt Gott näherbringen, über den hinaus die Religion uns führen muß.[17] Mindestens in diesem Stadium seines Denkens ist Pico „mystischer" als Ficino, welcher den Parallelismus zwischen Philosophie und Religion bis zum äußersten Extrem treibt und für den es keine Grenzen des philosophischen Wissens gibt. Für Pico scheint dagegen die Religion die Erfüllung der Philosophie zu sein: die Religion ermöglicht es uns, das letzte Ziel zu erreichen, auf welches die Philosophie uns nur vorbereiten kann.[18]

Ich hoffe gezeigt zu haben, daß Picos Ideen sehr bedeutend und eigenständig waren, obwohl er nicht lange genug gelebt hat, um sie zu einem zusammenhängenden Ganzen auszuarbeiten. Aber ungeachtet seines fragmentarischen Charakters hat sein Werk lange Zeit einen weiten Anklang und Einfluß gehabt. Sein Synkretismus war umfassender als Ficinos und kam daher näher an spätere Versuche der Formulierung einer Universalreligion heran. Sein Studium des Hebräischen und Arabischen diente, wenn es auch nicht gänzlich ohne Vorläufer war, als ein weithin bekanntes Vorbild und regte diese Studien im christlichen Europa mächtig an, was zum Studium der hebräischen Bibel führte und zu vielen neuen Übersetzungen jüdischer und arabischer Texte. Sein Studium und Gebrauch der Kabbala leiteten eine weite und mächtige Strömung christlicher Kabbala ein, welche im 16. Jahrhundert ihre Hochblüte erlebte und zu deren Vertretern viele hervorragende Gelehrte und Denker gehörten. In den Augen vieler Gelehrter der Spätrenaissance gesellte sich die von Pico so hoch gelobte kabbalistische Literatur zu Platon und den Neuplatonikern, Hermes, Zoroaster, Orpheus und den anderen heidnischen Theologen, welche ihre Beglaubigung von Ficino („ille mirabilis sciendi ac nesciendi auctor", wie ein Gelehrter des 19. Jahrhunderts ihn nennen sollte[19]) erhalten hatten. Hier war ein umfangreiches Korpus philosophischer und metaphysischer Literatur, das zwar nicht christlichen Ursprungs war, von dem man aber glaubte, es stimme grundlegend mit der christlichen Lehre überein, eine Literatur, die z.T. profund war und zum anderen Teil durch ehrlichen Glauben und mühsame Interpretation einen Anschein von Tiefe erhielt, eine Literatur, die ganz andersartig war als die zur aristotelischen Tradition gehörende und, ob sie mit dieser Tradition in Übereinstimmung zu bringen sein mochte oder nicht, jedenfalls den kompaktesten Block philosophischer Ideen darstellte, der neben dem Aristotelismus zur Verfügung stand.

Dies war vielleicht der seltsamste Teil des komplexen Vermächtnisses des Florentiner Platonismus – Ficinos und Picos zusammen – an die Philosophie, Theologie und Literatur des 16. Jahrhunderts und deren spätere Nachfolger – Philosophen, Dichter und Okkultisten – bis in die Zeit der Romantik, ja sogar bis in unsere Tage. Ein Teil dieses Erbes ist für manchen unter uns, mich selbst mit eingeschlossen, abstoßend, andere Teile sind eindrucksvoll und bewundernswert. Wir müssen uns mit der Tatsache abfinden, daß im Denken vergangener Jahrhunderte, wie vielleicht auch in dem unserer Zeit, Wahrheit und Irrtum, Sinn und Unsinn miteinander verknüpft und ineinander verwoben sind. Als Historiker müssen wir die Mischung so akzeptieren, wie sie uns von den Quellen aus der Vergangenheit geboten wird. Als Philosophen tun wir das bestmögliche, wenn wir es mit Pico und seinen Gefährten und Nachfolgern halten, wie er es mit seinen Vorläufern halten wollte: von ihnen annehmen, was immer sie an Wahrheit und Sinn auszudrükken in der Lage waren, und sie respektieren und sogar bewundern für ihren jeweiligen Anteil an der universalen Wahrheit, die immer nur partiell enthüllt werden wird. Im Falle Picos sollten wir anerkennen, daß er, wenn auch nicht aus wissenschaftlicher Motivation, die Waffen gegen einen Aberglauben, die Astrologie, erhoben hat, welche sich noch weitere hundert Jahre oder länger weitgehender Anerkennung erfreuen sollte, bis größere Naturforscher als er es fertigbrachten, ihrer Reputation, wenn auch nicht ihrem Fortbestehen, ein Ende zu setzen. Und schließlich hat Picos Hohes Lied auf die Würde des Menschen durch die Jahrhunderte bis in unsere Zeit Gehör gefunden, selbst bei denen, die taub waren für das übrige Konzert der Renaissancephilosophie, sogar bei den selbsternannten modernen Humanisten, die vergessen haben, daß „humanitas" neben freundlichen Gefühlen eine liberale Erziehung und etwas Bildung umfaßt (ich wage es kaum, diese Auffassung mit Gellius als vulgär zu bezeichnen[20]). Es soll genügen, daran zu erinnern, daß Pico, wenn er den Menschen und seine Würde pries, das Anliegen mehrerer Generationen gelehrter Humanisten zusammenfaßte und ihm etwas hinzufügte, dessen sie nicht fähig gewesen waren, nämlich einen metaphysischen Zusammenhang und eine philosophische Bedeutung.

Kap. 5

POMPONAZZI

Pomponazzi gehörte derselben Generation an wie Pico, aber mit seinem Werk betreten wir ein neues Jahrhundert, das 16., und betrachten eine andere philosophische Schule, den Aristotelismus. Wir können nicht sagen eine neue Schule, denn ihre antiken Ursprünge sind ungefähr ebenso alt wie die des Platonismus und ihre mittelalterlichen Vorgänger von entschieden größerer Kontinuität und fester in den institutionellen Traditionen verankert, wenigstens nach dem 12. Jahrhundert. Wenn wir den Humanismus von seinem Aufkommen in Italien gegen Ende des 13. Jahrhunderts an datieren, wäre der Aristotelismus die etwas ältere Schule, wenngleich wenigstens in Italien nicht um sehr viel älter. Die Koexistenz und gelegentliche Rivalität zwischen Humanismus und Aristotelismus ist leicht zu verstehen, wenn wir uns vor Augen halten, daß der Humanismus professionell und akademisch mit den „studia humanitatis“ verbunden war, der Aristotelismus hingegen mit den philosophischen Disziplinen, besonders Logik und Naturphilosophie, und in geringerem Maße mit der Metaphysik; nur die Moralphilosophie wurde von den Humanisten als ein Teil ihrer Domäne beansprucht. Wir können die Rivalität zwischen den beiden Traditionen mit einigen gebotenen Einschränkungen mit der heutigen Rivalität zwischen Naturwissenschaften und Geisteswissenschaften vergleichen.

Das Aufkommen des Aristotelismus im 12. und 13. Jahrhundert war eines der bedeutendsten Ereignisse in der Geistesgeschichte des Mittelalters. Es resultierte zum einen aus der Ausweitung der Gelehrsamkeit über die engen Grenzen der sieben freien Künste hinaus, welche den Horizont der früheren mittelalterlichen Jahrhunderte bestimmt hatten; zum zweiten aus der über lateinische Übersetzungen aus dem Griechischen und Arabischen vermittelten Einführung eines riesigen Korpus wissenschaftlicher und philosophischer Literatur, die zuvor den abendländischen Lesern nicht zugänglich gewesen war und in welcher die Werke des Aristoteles und seines arabischen Kommentators Averroes eine besonders wichtige Rolle spielten; und drittens aus dem – vor allem in Frankreich, England und Italien – erfolgten Auftreten ganz neuer Institutionen für höhere Bildung, der Universitäten, an denen die höheren Disziplinen einschließlich der Philosophie nun, unabhängig von der Enzyklopädie der „artes liberales", von und für Spezialisten, auf der Grundlage der neu erworbenen Texte und mit einer neu entwickelten Methode gelehrt wurden. Diese Methode implizierte die Praxis der Vorlesung und der Disputation, die ihren literarischen Ausdruck im Kommentar und der Quaestio fanden, die Annahme von Standardautoritäten, eine feste Terminologie sowie ein hochentwickeltes und streng geregeltes Verfahren des Argumentierens und der Formulierung von Argumenten.

An der Pariser Universität und anderen nördlichen Universitäten etablierten sich die Texte des Aristoteles und die Kommentare des Averroes nach einigen anfänglichen Widerständen um die Mitte des 13. Jahrhunderts. Daher war und blieb auch immer die Philosophie von der Theologie unterschieden, obwohl sie wegen der dominierenden Stellung der Theologie an diesen Universitäten oft als Vorbereitung auf die Theologie studiert und gelehrt wurde. In Italien entwickelte sich die Stellung des Aristotelismus auf ganz andere Weise. An den italienischen Universitäten war die Theologie während des Mittelalters und der Renaissance entweder gar nicht vertreten, oder sie spielte eine untergeordnete und unbedeutende Rolle. Diese Universitäten waren als medizinische und juristische Ausbildungsstätten entstanden, und als an ihnen das Studium der aristotelischen Philosophie eingeführt wurde, trat es in enge Verbindung mit dem Medizinstudium.

Die frühesten Anzeichen dieser Tendenz sind in Salerno in der zweiten Hälfte des 12. Jahrhunderts zu erkennen, aber ihre volle Entwicklung beginnt in der zweiten Hälfte des 13. Jahrhunderts in Bologna und verbreitet sich von dort aus nach Padua und anderen Universitäten. Seit dem Ende des 13. Jahrhunderts, d.h. ungefähr gleichzeitig mit dem Aufstieg des italienischen Humanismus, brachten die italienischen Universitäten in gleichmäßiger und kontinuierlicher Folge Lehrer der aristotelischen Philosophie hervor und dazu eine umfangreiche Literatur, die ihrem Unterricht entsproß und noch weitgehend unerforscht geblieben ist. Die italienische aristotelische Tradition blühte im 15. und 16. Jahrhundert kräftig weiter und dauerte sogar bis ins 17. hinein an. Man kann daher den Literaturgeschichtlern, welche behaupten, daß der Aristotelismus von Petrarca und seinen humanistischen Anhängern außer Gefecht gesetzt worden sei, kaum Glauben schenken, denn einige seiner wichtigsten Vertreter brachte der italienische Aristotelismus lange nach Petrarcas Zeit hervor.

Diese Tradition muß wegen ihrer Quellen und Autoritäten als aristotelisch und wegen ihrer Terminologie, ihrer Methode und ihres Stils als scholastisch bezeichnet werden. Dennoch war sie durch und durch weltlich und, wenn man will, sogar naturalistisch wegen ihrer engen Verbindung mit der Medizin und der fehlenden Beziehung zur Theologie, obwohl sie keineswegs, wie oft behauptet wurde, im Gegensatz zur Theologie oder gar zur Religion stand. Man bezeichnet sie oft als Averroismus, aber ich ziehe es vor, sie „weltlichen Aristotelismus“ zu nennen, denn weder wurde der Kommentar des Averroes ausschließlich in dieser Schule verwendet noch wurden die für Averroes kennzeichnenden Theorien, wie z.B. die Einheit des Intellekts, von den italienischen Aristotelikern durchgehend akzeptiert. Auch spricht man oft von ihr als von der Schule von Padua, aber ich ziehe es vor, sie die Italienische Schule zu nennen. Die Universität von Padua hatte zwar im 15. und 16. Jahrhundert einen besonders hohen Rang in der aristotelischen Tradition, aber sie hatte weder eine Monopolstellung für diese Richtung noch eine einheitliche Lehre. Außerdem war Padua im früheren Stadium dieser Entwicklung bis Mitte des 14. Jahrhunderts weniger bedeutend gewesen als Bologna, und auch später war der Beitrag anderer Universitäten viel größer, als gemeinhin angenommen wird.

Diese Tradition des Italienischen Aristotelismus, gewöhnlich als Paduaner Averroismus bezeichnet, brachte Pomponazzi hervor und neben ihm eine ganze Reihe bedeutender aristotelischer Philosophen, die zu erwähnen wir keine Gelegenheit haben werden. Pomponazzi mag hier stellvertretend für eine umfassende philosophische Strömung stehen, die oft von den Historikern der italienischen Renaissance außer acht gelassen wird, aber in Wirklichkeit für einen Großteil der akademischen und literarischen Tätigkeit dieser Epoche auf dem Gebiet der Philosophie verantwortlich ist. Als einer ihrer hervorragendsten Vertreter gibt Pomponazzi Zeugnis ab für die Bedeutung und Vitalität dieser Strömung.

Zu Pomponazzis Zeit hatte der Italienische Aristotelismus bereits mehrere Jahrhunderte geblüht, er hatte die Attacken Petrarcas und anderer Humanisten überlebt und gegen Ende des 14. Jahrhunderts wichtige neue Impulse aus Paris und Oxford erhalten.

Pomponazzi muß zweifellos aufgrund seiner Ausbildung und Karriere, seiner Quellen und Autoritäten, seiner Methode und seines Stils als ein typisches Produkt dieser Schule bezeichnet werden. Dennoch wäre es falsch anzunehmen, daß er von den anderen geistigen Strömungen seiner Zeit völlig unberührt geblieben wäre, oder sich darüber zu wundern, daß ein einfaches Etikett wie „Aristotelismus“ in seinem wie in vielen anderen Fällen sich als unzureichend zur Kennzeichnung des komplizierten Denkens eines originellen und lebensvollen Denkers erweist. Pomponazzi las und verehrte Ficino, dem er seine Bekanntschaft mit Platon und vielleicht auch seine Beschäftigung mit dem Problem der Unsterblichkeit verdankte. Die Art, auf die er über die Stellung des Menschen im Universum spricht, verrät deutlich sowohl Ficinos als auch Picos Einfluß. Auch an vielen anderen Stellen zeigt er sich von der breiten humanistischen Strömung seiner Zeit beeinflußt. Er pflegt neben Kommentar und Quästion die literarische Gattung des monographischen Traktats und macht sogar einen schüchternen Versuch, die Form des Dialogs zu benutzen. Gelegentlich gefällt es ihm, nach Art eines guten Humanisten von sich selber zu reden, und er zitiert solche ausgesprochenen Lieblingsquellen der Humanisten wie Cicero und Plutarch. Seine Lehre, daß Tugend ihr eigener Lohn ist, ist eher stoischer als aristotelischer Herkunft, und sein Beharren darauf, daß das Ziel des Menschen eher in der praktischen Tugend als in der Kontemplation bestehe, widerspricht Aristoteles und mag Cicero und dem bürgerlichen Humanismus solcher früheren Humanisten wie Bruni und Alberti seine Anregung verdanken.

Mit der humanistischen Tradition können wir auch Pomponazzis Interesse für Alexander von Aphrodisias in Verbindung bringen, den griechischen Aristoteleskommentator, der im Mittelalter zwar nicht völlig unbekannt gewesen war, dessen Schriften aber durch neue Übersetzungen um die Wende zum 16. Jahrhundert eine viel weitere Verbreitung erlangt hatten.[1] Obwohl das Etikett des Alexandrismus, mit dem Pomponazzi oft versehen wird, sehr zweifelhaft und irreführend ist, wissen wir aus einer frühen, 1504 von Pomponazzi verfaßten Quästion, daß seine Ansicht zum Problem der Unsterblichkeit, wie sie in seinem späteren Traktat von 1516 dargestellt ist, von der Alexanders hergeleitet ist. Wir wissen ferner, daß sein Traktat *De fato* aus Anlaß der Lektüre einer neuen Übersetzung eines Traktats Alexanders zu diesem Thema entstand, obwohl es sich herausstellt, daß das Werk des sog. Alexandristen Pomponazzi in Wirklichkeit eine Verteidigung der stoischen Position gegen Alexander ist. Ich hoffe, diese einleitenden Bemerkungen haben keine allzu große Verwirrung gestiftet, sondern vielmehr dazu beigetragen, einige falsche und irreführende Vorstellungen, mit denen der Name Pomponazzi oft in Verbindung gebracht wird, zu zerstreuen.

Pietro Pomponazzi wurde 1462 in Mantua geboren. Er studierte Philosophie an der Universität von Padua, wurde nach seiner Promotion 1488 außerordentlicher Professor für Philosophie und 1495 ordentlicher Professor. Als die Universität infolge des Kriegs der Liga von Cambrai 1509 geschlossen wurde, verließ er Padua, lebte eine Zeitlang bei Alberto Pio, dem Fürsten von Capri, übersiedelte dann zur Universität Ferrara und nahm schließlich eine Professur an der Universität von Bologna an, wo er von 1512 bis zu seinem Tod 1525 lehrte. Er war dreimal verheiratet und hatte zwei Kinder.

Nur wenige von Pomponazzis Schriften wurden zu seinen Lebzeiten veröffentlicht. Am bekanntesten ist der Traktat „Über die Unsterblichkeit der Seele" (*De immortalitate animae,* 1516), der sofort eine große Kontroverse hervorrief und von mehreren Philosophen und Theologen öffentlich angegriffen wurde. Der Autor ließ darauf zwei Traktate zur Verteidigung folgen, die länger als das ursprüngliche Werk waren. Wahrscheinlich aufgrund dieser Erfahrung veröffentlichte Pomponazzi in der Folge nichts mehr außer einigen kurzen philosophischen Quästionen nichtkontroverser Natur, die er der Neuauflage seiner drei Schriften über die Unsterblichkeit 1525 hinzufügte. Ebenso wichtig sind seine Traktate *De incantationibus* und *De fato,* beide um 1520 entstanden, die posthum 1556 bzw. 1567 in Basel von einem protestantischen Auswanderer veröffentlicht wurden. Ein ziemlich umfangreiches Korpus anderer Schriften ist handschriftlich erhalten; Studium und Veröffentlichung dieses Materials stecken noch in den Anfängen. Die bedeutenderen unter diesen unveröffentlichten Schriften sind Quästionen zu aristotelischen und anderen Problemen, die er vermutlich selber formulierte und die daher seine Gedanken direkt wiedergeben. Eine weitere große Gruppe bilden seine Vorlesungen zu verschiedenen Werken des Aristoteles. Da sie von Studenten mitgeschrieben wurden und von Jahr zu Jahr und von Mitschrift zu Mitschrift gewisse Schwankungen aufweisen, muß man sie bei jedem Versuch, Pomponazzis Denken und philosophische Entwicklung zu rekonstruieren, mit Vorsicht gebrauchen.

Pomponazzis Stil ist so weit von humanistischer Eleganz entfernt wie nur möglich und stellt ein ziemlich krasses Beispiel scholastischer Terminologie und Argumentation dar, obwohl er von Zeit zu Zeit treffende Formulierungen und beißenden Witz aufbieten kann. Sein Argumentieren beweist großen Scharfsinn und Subtilität, aber er liebt Wiederholungen und ist nicht immer konsequent. Er genießt es offensichtlich, ein Argument auszuspinnen und seiner logischen Entwicklung zu folgen, wohin auch immer sie führen mag, und aus intellektueller Aufrichtigkeit heraus ist er bereit, seine Ratlosigkeit gewissen Aporien gegenüber zuzugeben oder seine Ansichten zu revidieren, wann immer er sich durch ein starkes Argument dazu verpflichtet glaubt. Daher können wir seinen berühmten Ausbruch im dritten Buch von *De fato* (Kap. 7) gut verstehen, in dem er den mythischen Prometheus als Prototyp des Philosophen anführt, welcher im Zuge seiner Bemühungen um das Verständnis der göttlichen Geheimnisse von seinen beständigen Sorgen und Grübeleien aufgefressen wird, zu essen, zu trinken und zu schlafen vergißt, von allen lächerlich gemacht, für einen Narren und einen Menschen ohne Glauben gehalten wird, von der Inquisition verfolgt und von der Menge verlacht wird.[2]

De incantationibus ist ein Versuch, alle möglichen Arten natürlicher Erklärungen zu einer Reihe von Vorgängen zu liefern, die landläufig den Aktivitäten von Dämonen und Geistern zugeschrieben wurden. Es ist bezeichnend, daß für Pomponazzi die Wirkungen, die die Astrologen den Sternen zuschrieben, einen Teil im

System der natürlichen Ursachen darstellen. Diese Schrift ist unter Pomponazzis Werken die einzige, die wegen der impliziten Kritik an den Wundern einst (heute nicht mehr) auf dem Index verbotener Bücher stand. Sie enthält einen interessanten Abschnitt über das Gebet, der eine gewisse Affinität zu einigen Ideen aufweist, welche im Traktat über die Unsterblichkeit dargestellt werden. Der Wert des Gebets, so sagt er, besteht nicht in seinen möglichen äußeren Effekten, sondern in der Haltung der Frömmigkeit, die es im Betenden hervorruft.[3]

In *De fato,* das in fünf Bücher unterteilt und mit Abstand das längste seiner Werke ist, diskutiert Pomponazzi sehr ins Detail gehend und mit einer Vielzahl von verwickelten Argumenten die Probleme um Schicksal, freien Willen und Prädestination. Seine Schlußfolgerungen sind keineswegs einfach oder deutlich ausgedrückt, aber aus seiner letzten Konklusion kann man erkennen, daß er die stoische Lehre vom Fatum aus rein natürlichen Gründen für relativ widerspruchsfrei hält. Aber da die menschliche Weisheit für Irrtümer anfällig ist, ist er bereit, sich der Lehre der Kirche zu fügen und den Grundsatz anzuerkennen, daß Gottes Vorsehung und Prädestination mit dem freien Willen des Menschen vereinbar seien. Dennoch ist er mit der Art, wie diese Vereinbarkeit gewöhnlich dargelegt wird, nicht zufrieden und versucht, statt dessen eine Erklärung vorzuschlagen, die er eher für zufriedenstellend hält.[4]

Wir können, was dieses wichtige Werk betrifft, nicht weiter ins Detail gehen. Es ist, zu Unrecht, sogar von Pomponazziforschern vernachlässigt worden, vielleicht wegen seiner Länge und Schwierigkeit. Es gibt davon eine kritische Ausgabe, und man kann hoffen, daß es eines Tages in dem zweifachen historischen Kontext studiert werden wird, in den es gehört: zum einen die philosophische Kontroverse zwischen Determinismus und Indeterminismus, wie sie in der Antike in den Werken der Stoiker und Alexanders und dann wieder in moderneren Diskussionen in Erscheinung tritt; zum anderen das spezifisch theologische Problem der Vereinbarkeit von Vorsehung und Prädestination mit dem freien Willen. Dieses letztere Problem hat christliche Theologen aller Jahrhunderte beschäftigt; wir haben es in Vallas Traktat über den freien Willen dargestellt gesehen, und es sollte von Luther, Erasmus und vielen Theologen während und nach der Reformation erörtert werden.

Ich möchte Pomponazzis Traktat über die Unsterblichkeit ausführlicher besprechen, welcher viel bekannter ist und im 16. Jahrhundert und auch später weit größeren Widerhall fand. Pomponazzi erklärt die Entstehung des Traktats wie folgt: Er hatte in einer Vorlesung festgestellt, daß die Lehre des Thomas von Aquin von der Unsterblichkeit zwar vielleicht der Wahrheit, nicht aber der Ansicht des Aristoteles entspreche, und wurde daraufhin von einem seiner Studenten, einem

Dominikaner, gebeten, seine eigene Meinung zum Problem darzustellen, wobei er strikt innerhalb der Grenzen der natürlichen Vernunft bleiben sollte.[5]

In Übereinstimmung mit dieser Aufforderung beginnt Pomponazzi mit der Feststellung, daß der Mensch von vielseitiger und widersprüchlicher Natur sei und eine Mittelstellung zwischen sterblichen und unsterblichen Dingen einnehme (Kap. 1). Die Frage sei, in was für einem Sinn so gegensätzliche Attribute wie sterblich und unsterblich der menschlichen Seele beigelegt werden können (Kap. 2).

Pomponazzi stellt erst ein Verzeichnis von sechs möglichen Antworten auf, von denen er zwei verwirft, weil sie niemals von irgend jemandem verteidigt worden seien. Die übrigen vier verspricht er zu diskutieren (Kap. 2–3).

Die erste dieser vier ist die dem Averroes und anderen zugeschriebene Ansicht, nach der es nur eine einzige, allen Menschen gemeinsame unsterbliche Seele gibt und daneben eine individuelle Seele für eine jede Person, welche aber sterblich ist. Im 4. Kapitel seines Traktates weist Pomponazzi diese Meinung weit von sich. Die averroistische Position behauptet, daß der Intellekt in der Lage sei, ohne Körper tätig zu sein, und daher als abtrennbar und unsterblich angesehen werden könne. Aber, so argumentiert Pomponazzi, nach unserer Erfahrung übt der Intellekt keine Tätigkeit aus, die völlig unabhängig vom Körper wäre, und daher haben wir keinen Beweis für die Abtrennbarkeit des Intellekts von der Materie. Wenn wir das Verhältnis von Geist und Körper verstehen wollen, müssen wir unterscheiden zwischen „im Körper sein", d.h. den Körper zum Organ, Substrat oder Subjekt haben, und „vom Körper abhängig sein", d.h. den Körper, seine Wahrnehmungen und Vorstellungen zum Objekt haben. Pomponazzi behauptet, der Intellekt gebrauche den Körper nicht als sein Subjekt, wie es bei den Seelen der Tiere und den niedrigeren Fähigkeiten der Menschenseele der Fall sei. Aber trotzdem könne der menschliche Intellekt ohne die Sinneswahrnehmungen oder Vorstellungen, die der Körper ihm bietet, nichts erkennen, und dies allein beweise schon die Nichtabtrennbarkeit des Intellekts vom Körper.[6]

Als zweite diskutiert Pomponazzi eine Ansicht, die er Platon zuschreibt, derzufolge jedes Individuum zwei verschiedene Seelen habe, eine sterbliche und eine unsterbliche (Kap. 5). Diese Stellungnahme wird mit der Begründung zurückgewiesen, daß das Subjekt der sinnlichen Wahrnehmung und des geistigen Wissens dasselbe sein müsse und es deswegen nicht möglich sei, zwei voneinander verschiedene Naturen innerhalb derselben Menschenseele zu unterscheiden (Kap. 6).

Als drittes untersucht er die Ansicht, die Thomas von Aquin zugewiesen wird, in der es heißt, die menschliche Seele habe nur eine einzige Natur und sei absolut („simpliciter") unsterblich und nur in einigen Hinsichten („secundum quid") sterblich (Kap. 7). Indem er sich über einige der Argumente verbreitet, welche er schon gegen Averroes vorgebracht hatte, besteht Pomponazzi darauf, daß er keinen Beweis für die absolute Unsterblichkeit der Seele finde. Er zweifle nicht daran, so fügt er hinzu, daß die Lehre von der absoluten Unsterblichkeit der Seele wahr sei, da sie in Übereinstimmung mit der Hl. Schrift stehe, aber er frage sich, ob sie in Übereinstimmung mit Aristoteles stehe und ob sie innerhalb der Grenzen der natürlichen Vernunft aufgestellt und bewiesen werden könne, ohne auf das Zeugnis des Glaubens und der Offenbarung zu rekurrieren (Kap. 8).[7]

Viertens und letztens diskutiert Pomponazzi eine Position, nach welcher die Menschenseele nur eine Natur habe, absolut sterblich und nur in bestimmten Hinsichten unsterblich sei (Kap. 9). Er beginnt dann, diese Stellungnahme, die er an anderem Orte als die des Alexander von Aphrodisias identifiziert hatte, zu verteidigen. Abermals auf der Mittelstellung des Menschen beharrend, argumentiert er, daß der menschliche Intellekt, im Gegensatz zu dem der reinen Intelligenzen, immer den Körper als Objekt braucht und keine Möglichkeit hat, ohne die Mitwirkung von Sinneseindrücken zu agieren. Man muß ihn daher für absolut sterblich ansehen. Andererseits gebrauche der menschliche Intellekt, im Gegensatz zu den Tierseelen, den Körper nicht als Subjekt. Daher kann man sagen, er habe Teil an der Unsterblichkeit, oder er sei in einigen Hinsichten unsterblich. Von dieser These wird behauptet, sie sei wahrscheinlicher als die anderen und in größerer Übereinstimmung mit den Lehren des Aristoteles (Kap. 9–10).

Nachdem er im 10. Kapitel zu dieser Konklusion gelangt ist, fährt Pomponazzi auf gut scholastische Art fort, mehrere Reihen von Einwänden zu dieser Ansicht zu formulieren (Kap. 11 und 13) und diese Einwände einzeln sehr detailliert zu beantworten (Kap. 12 und 14). Im Laufe der Diskussion wiederholt und erweitert er einige der Argumente, die in den vorausgehenden Kapiteln aufgeführt worden waren. Er zieht auch neue Argumente und Schlußfolgerungen heran, insbesondere im 14. Kapitel; diese sind äußerst interessant und müssen etwas eingehender besprochen werden.

Aber es ist vielleicht am besten, zunächst seine abschließende Konklusion wiederzugeben, wie sie im letzten Kapitel dargestellt wird. Nachdem er alle Argumente gegen die Unsterblichkeit der Seele vorgebracht hat, stellt Pomponazzi fest, die Frage sei, wie die der Ewigkeit der Welt, offen. Mit anderen Worten, er glaubt nicht, daß es natürliche Gründe gebe, die stark genug seien, die Unsterblichkeit der Seele zu beweisen oder ihre Sterblichkeit zu widerlegen, obwohl, wie er weiß, viele Theologen, vor allem Thomas von Aquin, anders argumentiert hätten. Da die Frage also mit rein menschlichen Gründen nicht zweifelsfrei zu lösen sei, muß sie von Gott selber beantwortet werden, der die Unsterblichkeit der Seele klar in der Hl. Schrift bewiesen habe. Dies bedeutet, daß die Argumente für das Gegenteil falsch und nur Scheinargumente sein müssen. Die Unsterblichkeit der Seele ist ein Glaubenssatz, denn sie stützt sich auf Glauben und Offenbarung. Daher darf sie nur mit dieser Begründung vertreten werden und nicht auf der Grundlage unzutreffender oder wenig überzeugender rationaler Argumente.[8]

Bevor wir uns von diesem Traktat abwenden, wollen wir noch zu einigen der wichtigen, im 14. Kapitel als Antwort auf bestimmte Einwände geäußerten Ideen zurückkehren und auch versuchen, die Bedeutung der letzten Konklusion Pomponazzis zu interpretieren, die zu vielen Auseinandersetzungen zwischen Philosophiehistorikern Anlaß gegeben hat.

Neben anderen Einwänden gegen seine Ansicht zitiert Pomponazzi in Kapitel 13 das Argument, nach der *Ethik* des Aristoteles sei das letzte Ziel des Menschen die Kontemplation, und eine zufriedenstellende Erfüllung dieses Zieles setze die Unsterblichkeit voraus.[9] In seiner Antwort stellt er fest, der Mensch habe einen dreifach gegliederten, nämlich spekulativen, praktischen und technischen Intellekt. Nur einige wenige Menschen hätten Teil am spekulativen Intellekt, während der technische Intellekt auch einigen Tieren eignete. Daraus können wir schließen, daß der praktische Intellekt, der allen Menschen und ausschließlich allen Menschen eignet, die für die Menschen spezifische Fähigkeit der Seele sei. Jeder normale Mensch kann es zu Vollkommenheit hinsichtlich des praktischen Intellekts bringen, und ein Mensch wird im absoluten Sinn als gut oder schlecht in Hinsicht auf seinen praktischen Intellekt bezeichnet, in Hinsicht auf die beiden anderen Intellekte nur als in gewisser Hinsicht gut oder schlecht. Denn jemand wird als guter oder schlechter Mensch aufgrund seiner Tugenden und Laster bezeichnet, als guter Metaphysiker aber aufgrund seines spekulativen Intellekts und als guter Architekt aufgrund seines technischen Intellekts. Ein guter Metaphysiker oder ein guter Architekt ist aber nicht immer ein guter Mensch. Deshalb macht es einem Menschen nicht so sehr viel aus, wenn er nicht als guter Metaphysiker oder Architekt bezeichnet wird, aber sehr viel, wenn man ihn ungerecht oder unmäßig nennt. Denn es scheint in unserer Macht zu liegen, ob wir gut oder böse sind, aber die Fähigkeit zum Philosophen oder Architekten hängt nicht von uns ab und ist nicht notwendig für den Menschen. Daher muß das letzte Ziel nach Maßgabe des praktischen Intellekts bestimmt werden, und jeder Mensch ist aufgerufen, so tugendhaft zu sein wie möglich. Im Gegensatz dazu ist es weder erforderlich noch erstrebenswert, daß alle Menschen Philosophen oder Architekten sein sollten, vielmehr nur einige von ihnen. Hinzu kommt, daß die Vollkommenheit des praktischen Intellekts fast für jeden erreichbar ist und daher ein Bauer oder Handwerker, ein armer oder ein reicher Mensch als glücklich bezeichnet werden kann und tatsächlich glücklich genannt wird und mit seinem Los zufrieden ist, wenn er nur tugendhaft ist. Mit anderen Worten, Pomponazzi trennt sich in diesem wichtigen Punkt von Aristoteles und identifiziert das Ziel des Menschenlebens mit moralischer Tugend anstatt mit Kontemplation, weil dieses Ziel für alle Menschen ohne Ausnahme erreichbar ist.[10]

Ein anderer Einwand lautete, Gott wäre kein guter Lenker aller Dinge, wenn nicht alle guten Taten ihren Lohn und alle bösen Taten ihre Strafe in einem zukünftigen Leben fänden. Darauf antwortet Pomponazzi, daß der wesentliche Lohn der Tugend die Tugend selber sei und die wesentliche Strafe des Lasters das Laster selber. Daher macht es keinen Unterschied aus, wenn äußerliche oder akzidentelle Belohnungen oder Strafen für eine Handlung manchmal unterbleiben, da wesentlicher Lohn und wesentliche Strafe immer präsent seien. Ferner: wenn ein Mensch tugendhaft handelt, ohne Lohn zu erwarten, und ein anderer mit einer solchen Erwartung, kann die Handlung des letzteren nicht als ebenso tugendhaft angesehen werden wie die des ersteren. Also wird, wer keinen äußeren Lohn empfängt, auf wesentliche Weise reicher belohnt, als wer äußeren Lohn empfängt. Ebenso wird der böse Mensch, der keine äußere Strafe empfängt, schlimmer bestraft als wer äußerlich bestraft wird. Denn die Strafe, die der Schuld selber inhärent ist, ist viel schlimmer als jede Strafe in Form eines dem Schuldigen auferlegten Leidens oder Schadens.[11]

Pomponazzi entwickelt diesen Gedanken als Antwort auf einen anderen Einwand noch weiter. Es trifft zwar zu, daß die Religionslehrer die Lehre von der Unsterblichkeit unterstützten, aber sie taten dies, um einfache Menschen dazu zu bewegen, ein tugendhaftes Leben zu führen. Aber Menschen mit höherer moralischer Veranlagung werden durch den puren Glanz der Tugenden angelockt und durch die bloße Häßlichkeit der Laster abgestoßen, so daß sie keine Erwartung von Lohn oder Strafe zur Aufmunterung brauchen. Pomponazzi weist die Meinung zurück, daß ohne einen Glauben an die Unsterblichkeit keine moralischen Grundsätze aufrechterhalten werden könnten, und wiederholt, daß eine tugendhafte Handlung ohne Erwartung einer Belohnung jener, die auf eine Belohnung hinzielt, überlegen sei, und schließt daraus, daß diejenigen, die die Sterblichkeit der Seele behaupten, die Bedeutung der Tugend viel besser aufrechtzuerhalten scheinen als diejenigen, die ihre Unsterblichkeit behaupten.[12]

Mit anderen Worten, gestützt auf einige Stellen bei Platon und vor allem auf die stoische Lehre, gibt Pomponazzi seiner Überzeugung starken Ausdruck, daß Tugend ihr eigener Lohn und Laster seine eigene Strafe sei. Wenn er also behauptet, daß moralische Leitlinien, wie ein Philosoph sie definiert, nicht von religiösen Sanktionen abhängig seien, leugnet er nicht zugleich die Gültigkeit religiöser Glaubensinhalte, aber er behauptet die Autonomie von Vernunft und Philosophie und nimmt in gewissem Ausmaß die Ansichten Spinozas und Kants vorweg. Seine Ansichten scheinen mir den sogar in unseren Tagen oft formulierten und verbreiteten gegenteiligen Meinungen, die gewöhnlich unangefochten bleiben, weit überlegen zu sein.

Der zuletzt besprochene Punkt verweist uns auf ein Problem, das die letzte Konklusion von Pomponazzis Traktat und auch die Konklusion seiner Schrift *De fato* betrifft. Die Behauptung vieler Theologen in Pomponazzis Zeit und mancher moderner Philosophiehistoriker, er hätte die Unsterblichkeit der Seele schlechtweg geleugnet, ist offensichtlich falsch. Er behauptet nur, daß die Unsterblichkeit der Seele nicht mit rein natürlichen Gründen bewiesen werden oder mit Aristoteles in Übereinstimmung gebracht werden könne, man müsse sie aber als einen Glaubenssatz akzeptieren. Diese Position wird weithin, und etwas grob, als Theorie der doppelten Wahrheit bezeichnet. Der Terminus ist inadäquat, denn weder Pomponazzi noch irgend jemand sonst hat je behauptet, etwas sei theologisch wahr, und sein genaues Gegenteil sei philosophisch wahr. Was Pomponazzi und viele respektable Denker vor und nach ihm tatsächlich sagten, war, daß eine Theorie, z.B. die von der Unsterblichkeit der Seele, dem Glauben gemäß wahr sei, aber nicht auf der Grundlage der reinen Vernunft bewiesen werden könne, und daß ihr Gegenteil anscheinend von ebenso starken oder sogar noch stärkeren wahrscheinlichen Argumenten unterstützt werde.

Diese Ansicht ist von vielen modernen Philosophiehistorikern absurd genannt worden, ironischerweise auch von solchen, die in Wirklichkeit selber einen ähnlichen Standpunkt einnehmen, wenn auch vielleicht mit Bezug auf andere Themen und mit anderen Worten, wenn sie bestimmte Vorstellungen, wie z.B. die Schöpfung, für wahr in einem bestimmten Kontext und in einem anderen für mindestens unbeweisbar halten. Aber die ständige Anklage gegen Pomponazzi und viele andere mittelalterliche und Renaissancedenker, die einen ähnlichen Standpunkt einnahmen, war, daß die sog. Theorie von der doppelten Wahrheit nur ein scheinheiliger Trick sei, um ihren geheimen Unglauben zu verbergen und Schwierigkeiten mit den kirchlichen Autoritäten aus dem Weg zu gehen. Wenn Pomponazzi also sagt, daß die Unsterblichkeit unbeweisbar sei und die Sterblichkeit mit starken rationalen Argumenten gestützt werden könne, während die Unsterblichkeit für einen Glaubenssatz gelten solle, verhehlt er nach Meinung dieser Autoren nur seine Ansicht, daß die Seele in Wirklichkeit sterblich sei, und setzt an ihre Stelle eine Formel, die ihn vor kirchlicher Zensur oder Sanktionen schützt.

Das Problem ist ebenso ernst wie delikat. Wir können gewiß nicht leugnen, daß ein Denker der Vergangenheit Gedanken und Meinungen gehegt haben kann, die aus dem einen oder anderen Grund in seinen Schriften keinen Ausdruck fanden, oder daß er schriftlich Ansichten formulierte, zu denen er vielleicht im Grunde seines Herzens nicht ernsthaft stand. Dieses Eingeständnis ist als Mahnung zur Bescheidenheit für den Historiker durchaus berechtigt, gibt uns aber kaum das Recht, einen Schritt weiter zu gehen und positiv zu behaupten, daß ein Denker bestimmte spezifische Ansichten gehabt hätte, welche er in seinen Schriften zu äußern versäumte oder die sogar seinen dargestellten Ansichten widersprechen. Wie ein Theologe aus dem 18. Jahrhundert aus genau diesem Anlaß sagte: wir müssen es Gott überlassen, in Pomponazzis Herz zu schauen und zu sehen, was seine wahre Meinung war. Der menschliche Historiker hat keine andere Grundlage als das geschriebene Dokument, und die Beweislast liegt in der Geschichte wie vor dem Gesetz bei dem, der etwas beweisen will, was der unmittelbaren Evidenz zuwiderläuft. Weder Verdächtigungen noch Behauptungen böswilliger Kritiker oder extremer Anhänger können als gültige Beweise an Stelle von Originalaussagen und Belegen für die Ansicht des Autors gelten.

Nach diesen Maßstäben verfahrend, finden wir keine triftigen Gründe für die Behauptung, Pomponazzi sei ein Heuchler gewesen. Der Standpunkt, den er im Traktat über die Unsterblichkeit der Seele einnimmt, wird grundsätzlich auch in zwei ziemlich langen Werken aufrechterhalten, die er später zur Verteidigung des ersten Traktates verfaßte, und, von einigen unsicheren Ausnahmen abgesehen, auch in seinen Quästionen und Vorlesungen. Er wurde von einigen Theologen angegriffen, von anderen aber verteidigt, und sein Traktat wurde nicht von den kirchlichen Autoritäten verurteilt. Die allgemeine Ansicht, daß die Unsterblichkeit nicht rational bewiesen werden könne, wenn auch nicht zugleich alle spezifischen Meinungen, die Pomponazzi damit verband, wurde auch von Duns Scotus geteilt und sogar von dem führenden Thomisten in Pomponazzis Zeit, Kardinal Cajetan. Nachdem sich die erste Erregung gelegt hatte, unterrichtete Pomponazzi weiter an einer Universität innerhalb des Kirchenstaates, hatte unter seinen Studenten viele Geistliche, die offenbar an dem, was er sagte, keinen Anstoß nahmen, und starb friedlich als weithin verehrter Gelehrter. Der Schüler, der seine sterbliche Hülle in seine Heimatstadt brachte und ihm ein Denkmal setzte, war Ercole Gonzaga, der spätere Kardinal und Vorsitzende des Konzils von Trient. Wenn man indirekte Indizien gelten lassen wollte, sprächen sie kaum für die Ansicht, Pomponazzi sei ein heimlicher Ungläubiger oder Atheist gewesen.

Weiter ausgreifend können wir sagen, daß die sog. Theorie von der doppelten Wahrheit in rein logischer Hinsicht nicht zufriedenstellend ist. Dennoch ist sie wenigstens dem Anschein nach eine Lösung für das Dilemma derer, die einen Konflikt zwischen Glauben und Vernunft erkennen und an beiden festhalten wollen. Für die, die auf den einen oder die andere verzichten können, existiert der Konflikt nicht mehr, und die Lösung wird überflüssig. Im Falle Pomponazzis und ebenso bei vielen anderen Denkern ist die Theorie völlig sinnvoll, wenn wir in ihr nicht einen scheinheilig verkappten Angriff gegen den Glauben sehen, sondern einen ehrlichen Versuch, die Koexistenz von Glaube und Vernunft oder Theologie und Philosophie zu verteidigen und die relative Unabhängigkeit der Vernunft und der Philosophie auf ihrem eigenen Gebiet zu betonen. In diesem Sinne scheint dieser Standpunkt auch in der Gegenwart einige Gültigkeit zu behalten.

Wenn wir Pomponazzis Standpunkt mit dem Ficinos vergleichen und unsere Aufmerksamkeit auf das für beide zentrale Problem der Unsterblichkeit richten, ist der Kontrast beachtlich und aufschlußreich. Beide Denker sind auf je eigene Weise gewissermaßen Rationalisten. Aber Ficino begründet sein Postulat der Unsterblichkeit durch einen Appell an die innere Erfahrung und ein Wissen, das von allen körperlichen Einflüssen unabhängig ist und uns sogar im diesseitigen Leben für eine unkörperliche Realität Zeugnis ablegt. Hierin folgt er der platonischen Tradition. Dagegen leugnet Pomponazzi die Möglichkeit irgendeines menschlichen Wissens, das völlig unabhängig von körperlichen Gegebenheiten wäre, und aus diesem Grund kann er keine Basis aus rein natürlichen Begründungen für die Annahme finden, daß unser Intellekt trennbar oder unsterblich sei. In diesem Sinne ist Pomponazzi ein radikalerer Empirist als Averroes und vielleicht sogar als Aristoteles selber, und es ist kein Zufall, daß er auf Alexander von Aphrodisias, den naturalistischsten und am wenigsten platonisch angehauchten aller Kommentatoren des Aristoteles, zurückgreift.

Hinzu kommt: Ficino sah die Würde des Menschen und das letzte Ziel seiner Existenz im kontemplativen Leben und wurde dazu getrieben, die Unsterblichkeit der Seele zu postulieren, um dieses Ziel für eine größere Anzahl von Menschen erreichbar zu machen. Dagegen verlegte Pomponazzi das letzte Ziel des Lebens in die moralische Handlung, die für die meisten Menschen im Lauf des diesseitigen Lebens erreichbar ist, was für die Kontemplation nicht zutrifft. Da die Tugend für ihn ihr eigener Lohn ist, ist für die Erfüllung kein zukünftiger Lohn vonnöten, und die Würde des Menschen kann im gegenwärtigen Leben verwirklicht werden.

Ficino glaubte an die grundsätzliche Harmonie zwischen Vernunft, d.h. platonischer Vernunft, und christlichem Glauben und war überzeugt, daß die Unsterblichkeit der Seele und die anderen fundamentalen Lehren der Religion durch philosophische Argumentation bewiesen oder bestätigt werden könnten. Pomponazzi sah einen fundamentalen Widerspruch zwischen der natürlichen oder aristotelischen Vernunft und der christlichen Lehre. Er wollte nur der Vernunft und ihren Argumenten so weit folgen, wie sie ihn führten, aber er war durchaus bereit, sich für eine letzte Entscheidung über die Wahrheit dem Glauben und der Autorität zu unterwerfen.

Der Gegensatz ist beachtlich und scheint eine wirkliche Alternative aufzuzeigen, wenn man die verschiedenen Prämissen beider Denker und ihrer jeweiligen philosophischen Traditionen betrachtet. Ich hoffe, daß es mir gelungen ist zu zeigen, daß jeder von ihnen mit Erfolg eine beeindruckende Welt- und Lebensanschauung entwickelte und seinen eigenen Standpunkt ausgezeichnet vertrat. Ich werde keinen Versuch machen, Schiedsrichter zwischen diesen beiden Weltanschauungen zu spielen, die in der einen oder anderen Form die gesamte Geschichte des abendländischen Denkens durchziehen und von denen jede eine der Grunderfahrungen oder Möglichkeiten widerzuspiegeln scheint, deren die menschliche Natur und das Denken fähig sind. Es möge genügen zu sagen, daß beide Denker für ihre jeweilige Ansicht sehr würdige Formulierungen gefunden und die Anerkennung vieler Zeitgenossen und Nachfolger erlangt haben. Der Renaissancearistotelismus findet ebenso seinen Höhepunkt in Pomponazzi wie der Renaissanceplatonismus seinen vollkommensten Ausdruck in Ficino.

Pomponazzis Einfluß ist nicht so leicht zu verfolgen wie der Ficinos oder Picos, aber es gibt reichlich Belege dafür, daß er beachtlich gewesen ist. Die Schule des italienischen Aristotelismus, der er angehörte, blühte nach seinem Tode noch über hundert Jahre weiter, und innerhalb dieser Tradition blieb sein Name berühmt, und seine Ansichten zu solchen Fragen wie die Unsterblichkeit der Seele und die Einheit des Intellekts wurden weiterhin zitiert und diskutiert, wenn auch nicht übernommen. Die posthume Veröffentlichung einiger seiner Schriften in der zweiten Hälfte des Jahrhunderts bezeugt ebenfalls seine fortdauernde Berühmtheit. Die Anzahl der Manuskripte, die seine Vorträge und Quästionen enthalten, ist im Vergleich zu den meisten anderen Philosophieprofessoren der Zeit ziemlich groß, was für seine Beliebtheit bei den Studenten spricht; außerdem beweist die beachtliche Anzahl von Manuskripten, die *De incantationibus* und *De fato* enthalten, daß diese Werke weithin im Umlauf waren, obwohl oder vielleicht weil sie nicht zu Lebzeiten des Autors veröffentlicht wurden. Einige mit seinem Namen in Verbindung gebrachte Anekdoten, wie wir sie in den Biographien, Erzählungen und Dialogen der Epoche finden, legen es nahe, daß er als Charakter auch das weitere Publikum außerhalb der Universitätskreise beeindruckte. Er wurde offensichtlich auch von Studenten und Schriftstellern gelesen, die nicht der aristotelischen Tradition angehörten; als ein Beispiel können wir den unglücklichen Giulio Cesare Vanini anführen, der ihn als eine seiner bevorzugten Quellen benutzt zu haben scheint.[13]

Im Laufe des 17. Jahrhunderts verlor die aristotelische Schule, die so lange im philosophischen Unterricht dominiert hatte, endlich ihre Vorherrschaft, besonders auf dem Gebiet der Naturphilosophie, die allmählich von der neuen mathematischen Physik Galileis und seiner Nachfolger verdrängt wurde. Denn die frühe moderne Physik entwickelte sich im 17. Jahrhundert nicht aus dem Nichts, wie einige Historiker zu glauben scheinen; sie ersetzte die aristotelische Physik infolge einer der folgenschwersten Revolutionen in der Geistesgeschichte, nämlich im akademischen Kurrikulum und in der Klassifizierung der Wissenschaften. Der Aristotelismus hielt sich viel länger auf den Gebieten der Logik, Biologie und Metaphysik und feierte seine größten Triumphe auf dem Gebiet der Poetik in demselben 17. Jahrhundert, in dem seine Physik ihre endgültige Niederlage erlitt. Aber da die Physik Zentrum und Bastion des mittelalterlichen und Renaissancearistotelismus, besonders in Italien, gewesen war, verloren die meisten spezifischen Lehren Pomponazzis ihre unmittelbare Geltung, als das aristotelische System, innerhalb dessen er seine Ideen entwickelt hatte, abgelöst wurde. Trotzdem kann man sagen, daß seine Ansicht über das Verhältnis zwischen natürlicher Vernunft und Glauben im Rahmen der neuen Physik neu formuliert werden konnte und daß dies in einigen Fällen tatsächlich geschah.

Noch größere Bedeutung kann einer anderen Entwicklung beigemessen werden. Das 17. Jahrhundert, und sogar noch mehr das 18. war, vor allem in Frankreich, Zeuge des Aufkommens und der Verbreitung des Freidenkertums und des offenen Atheismus, und einige der Freigeister, die sich aufmachten, den Glauben und die etablierte Religion abzuschaffen, begannen aristotelische Rationalisten wie Pomponazzi als ihre Vorläufer und Verbündete anzusehen. Pomponazzis Traktat über die Unsterblichkeit der Seele wurde von den Freidenkern gepriesen und von den katholischen Apologeten verdammt, während gemäßigte Denker wie Bayle versuchten, eine angemessene Perspektive beizubehalten.[14] Pomponazzis Traktat wurde sogar in einer heimlichen Edition mit gefälschter früher Datierung wiederveröffentlicht. Wir fühlen uns hierbei an das berüchtigte Buch über die drei Betrüger *(De tribus impostoribus)* erinnert, das von vielen mittelalterlichen und Renaissanceautoren zitiert und vielen Schriftstellern, darunter Pomponazzi, zugeschrieben wurde, aber niemals existiert hatte, bis es endlich im 18. Jahrhundert geschrieben und mit falscher Drucknotiz vom 16. Jahrhundert veröffentlicht wurde.

Dieser Gebrauch, den die französische Aufklärung von Pomponazzi und anderen Italienischen Aristotelikern machte, übte einen starken Einfluß auf moderne Historiker der aristotelischen Schule aus, angefangen von Renan, dessen Buch über den Averroismus vor etwa 130 Jahren erschien. Wiederum müssen wir eine Präzisierung machen. Es ist zweierlei, ob man behauptet, Pomponazzi und die Aristoteliker hätten dieselben Ansichten gehabt wie spätere Freidenker, oder sagt, daß sie eine frühere Phase in einer Entwicklung darstellen, die in einer der späteren Phasen die von den Freidenkern vertretenen Ansichten hervorbringen sollte. Im letzteren Sinne war Pomponazzi ein Vorläufer der Freidenker, im ersteren war er es meiner Überzeugung nach nicht. Deshalb sollten wir ihn, je nach unseren eigenen Vorlieben und Wertungen als Freidenker weder preisen noch tadeln, denn zu beidem fehlt uns die faktische Grundlage. Aber in anderer Hinsicht können wir ihn preisen oder tadeln, und ich neige dazu, ihn zu preisen. Er gehört zu der langen Reihe von Denkern, die versucht haben, eine klare Trennungslinie zwischen Vernunft und Glauben, Philosophie und Theologie zu ziehen und die Autonomie von Vernunft und Philosophie innerhalb ihres eigenen Herrschaftsbereiches zu etablieren, unangreifbar für die Forderungen eines jeden Glaubens oder eines jeden nicht auf Vernunft gegründeten Anspruchs. Alle unter uns, die auf die Vernunft Wert legen, d.h. nicht nur auf die Naturwissenschaft, sondern auch auf die Philosophie und auf jede andere Form von Wissen, sollten für diese Haltung dankbar sein und sie selber annehmen. Wenn wir einen Glauben haben, der sich nicht auf Vernunft gründet, sollten wir ihn wenigstens draußen halten und ihm nicht erlauben, sich in das Diktat der Vernunft einzumischen. Wenn wir keinen solchen Glauben haben, können wir mindestens außerhalb der Grenzen des Bereichs der Vernunft den von anderen gehegten Glauben tolerieren, im Wissen, daß keine Übergriffe auf das Territorium, auf dem wir uns heimisch fühlen, möglich sind. Es gibt vielerlei Formen des Glaubens, und wir mögen den der anderen nicht teilen wie andere den unseren, oder wir können sogar überhaupt keinem Glauben angehören. Aber alle Menschen ohne Ausnahme können an der Vernunft und ihren Errungenschaften teilhaben, und es sollte unser aller Sorge sein, ihre Herrschaft, soweit wir können, auszudehnen und keinen Versuch, sie zu schmälern, anzuerkennen. Unser Leben und unsere Persönlichkeit bestehen nicht aus der Vernunft allein, und je mehr wir uns dieser Tatsache bewußt sind, desto besser. Aber die Vernunft ist das einzige Hilfsmittel, das wir besitzen, um etwas Licht und Ordnung in das große dunkle Chaos zu bringen, aus dem wir geboren sind, in das wir zurückkehren werden und das uns von allen Seiten umgibt.

Kap. 6

TELESIO

Die Denker, die wir in den drei letzten Kapiteln besprechen wollen, haben alle in der zweiten Hälfte des 16. Jahrhunderts gewirkt, und was sie von den vorher besprochenen Autoren unterscheidet, ist nicht lediglich die Zeitspanne einiger Jahrzehnte, sondern vielmehr das Aufkommen einer völlig anderen geistigen Atmosphäre. Die Tradition des mittelalterlichen Denkens, die im 15. und sogar zu Beginn des 16. Jahrhunderts noch sehr stark spürbar gewesen war, trat jetzt mehr in den Hintergrund; nun war es die umfassende Bildung und der Geist der Frührenaissance selber, die die Tradition abgaben, in der neue Generationen von Denkern geformt wurden und gegen die sich ihre unmittelbaren Reaktionen richteten.

Außerdem war das 16. Jahrhundert Zeuge eines Ereignisses, oder vielmehr einer Reihe von Ereignissen, die eine der tiefgreifendsten Veränderungen und Neuorientierungen bewirkten, die jemals in der Geschichte des europäischen Denkens aufgetreten sind und die man als das wichtigste Ereignis der gesamten Epoche bezeichnen kann: die Reformation. Innerhalb weniger Jahrzehnte waren ihre Auswirkungen in allen Ländern und Regionen Europas zu spüren und erstreckten sich auf alle Bereiche des europäischen Lebens und der europäischen Kultur; ihre Folgen dauern bis auf den heutigen Tag an. Daher ist es kein Wunder, wenn viele Historiker dazu neigten, mit der Reformation eine völlig neue Epoche der europäischen Geschichte beginnen zu lassen und den Beginn der Reformation – oder andere, etwas spätere Ereignisse wie z.B. die Eroberung und Plünderung Roms („sacco di Roma") – als das Ende jener Renaissance zu betrachten, die ihren charakteristischen Ausdruck im 15. und den frühen Jahren des 16. Jahrhunderts gefunden hatte, sich aber nicht in dem Klima der Reformation hätte entwickeln können, und daher nach dem Eintreten der Reformation anderen Einstellungen und Denkweisen weichen mußte.

Tatsächlich sieht die Bilanz der ersten hundert Jahre nach der Reformation für einen Kulturgeschichtler, der sich nicht nur damit zufriedengeben will, die Verdienste und Erfolge seines Favoriten unter den kämpfenden Religionsparteien emporzuheben, düster genug aus und erinnert uns unselig an die Verwüstungen, die die nationalen und ideologischen Konflikte unseres eigenen Jahrhunderts heraufbeschworen. Die europäischen Annalen sind angefüllt mit Kriegen und Bürgerkriegen, hervorgerufen durch die religiösen Auseinandersetzungen des 16. Jahrhunderts. Religiöse Dissidenten wurden überall ohne Zögern oder Gnade verfolgt. Sie wurden gefangengesetzt, gefoltert und umgebracht oder unter erniedrigenden Bedingungen gezwungen zu widerrufen. Wer sich nicht unterwerfen wollte und es fertigbrachte, sein Leben zu retten, mußte aus seiner Heimat ins Exil flüchten, und einige unter ihnen waren gezwungen, von einem fremden Land ins andere zu ziehen. Wer zu Hause blieb und unbehelligt bleiben wollte, mußte sich wenigstens äußerlich der jeweiligen religiösen Meinung anpassen, die die Autoritäten seines Heimatlandes gerade guthießen, und mußte in seinem Benehmen und besonders in seinen schriftlichen Äußerungen alles vermeiden, was Anstoß erregen oder etwa nach Häresie riechen konnte. Spaniens Bilanz war besonders traurig. Es gab Toleranz in Holland und für eine begrenzte Zeit in Polen, aber die Fälle des Morus und Servetus beweisen, daß die Protestanten ebenso zu Verfolgungen fähig waren wie die Katholiken, wenn sie einmal an der Macht waren. Was auch immer unsere religiösen Präferenzen sein mögen, und sosehr wir auch Luther oder Calvin oder Ignatius von Loyola respektieren oder gar bewundern mögen, als Wissenschaftler und Philosophen können wir nicht umhin, mit Erasmus zu sympathisieren, der versuchte, sich und die Interessen der Bildung aus den gewalttätigen Wirren der religiösen Kontroversen herauszuhalten.

Wir mögen Grund haben, nicht nur mit den Opfern zu sympathisieren, sondern auch mit den Verfolgern (die oft in gutem Glauben handelten, in der aufrichtigen, wenn auch falschen Annahme, ihre Pflicht zu tun), und manchmal können wir die Ansichten der letzteren gutheißen und die der ersteren zurückweisen. Trotzdem können wir nicht umhin, uns abgestoßen zu fühlen angesichts des Schauspiels der grausamen Bestrafung oder Hinrichtung von Menschen, die andere religiöse Auffassungen hatten als ihre Herrscher. Ein Mensch muß für öffentliche Verbrechen bestraft werden, für das Übertreten der gewöhnlichen Gesetze seines Landes und seiner Gesellschaft. Eine religiöse Gemeinschaft hat das Recht, denjenigen aus ihren Reihen auszuschließen, der ihre Glaubensgrundsätze nicht mehr teilt. Eine etablierte Regierung, was auch immer sie für eine Herkunft oder Natur haben mag, kann nicht umhin, ihre Institutionen gegen jene zu verteidigen, die versuchen, sie zu stürzen, wenn auch ihr moralisches Recht dazu am Ende gemäß der moralischen Substanz der Regierung und ihrer Institutionen, d.h. aufgrund ihrer Übereinstimmung mit einem höheren und allgemeineren moralischen Prinzip beurteilt werden wird. Aber als Wissenschaftler und Denker müssen wir daran festhalten (und leider ist es auch heute nicht überflüssig, daran zu erinnern), daß es ein Unrecht ist, einen Menschen einzig wegen seiner religiösen, philosophischen oder auch politischen Ansichten zu bestrafen.

In der zweiten Hälfte des 16. Jahrhunderts war Italien nicht direkt in Religionskriege verwickelt, hatte aber seinen bedauerlichen Teil an religiöser Verfolgung, Zensur und Unterdrückung zu tragen. Die spanische Inquisition und die Kongregation für den Index wurden zu festen Einrichtungen, und die Beschlüsse des Konzils von Trient wurden in vollem Umfang durchgesetzt und appliziert. Wer mit den Protestanten sympathisierte, wurde eingekerkert und hingerichtet, darunter mehr als ein bedeutender Gelehrter. Andere wurden ins Exil getrieben, und die Liste der verdienten Wissenschaftler, die wegen ihrer religiösen Ansichten ins Ausland gingen, vor allem in die Schweiz, nach Deutschland, England oder Polen, ist recht umfangreich. Viele andere wurden gezwungen zu widerrufen oder ihre Schriften der Zensur vorzulegen und in ihren Werken Veränderungen anzubringen, bevor sie veröffentlicht wurden; einige (wir wissen nicht wie viele) kamen der Zensur zuvor durch Selbstzensur oder enthielten sich völlig jeder Äußerung. Diese Situation zog nicht nur religiöse und theologische Ansichten im engeren Sinn des Wortes in Mitleidenschaft, sondern auch die philosophischen und naturwissenschaftlichen Theorien, die Rückwirkungen auf die Theologie haben konnten. Deswegen sehen wir viele Denker in mehr oder weniger ernsthaften Konflikt mit der Inquisition geraten, obwohl man nicht von ihnen sagen kann, sie hätten mit dem Protestantismus sympathisiert oder sich für Probleme interessiert, die im Zentrum der religiösen Auseinandersetzungen standen. Dies trifft für Patrizi ebenso zu wie für Campanella, Cremonini und Galilei, ganz abgesehen von dem tragischen Fall Giordano Brunos, wie wir im letzten Kapitel sehen werden.

Aber nachdem wir dies alles festgestellt haben, müssen wir uns vor gewissen übertriebenen Schlußfolgerungen hüten, wie sie von vielen Historikern gezogen worden sind. Es ist einfach nicht wahr, daß die Lage eines Erasmus nach – sagen wir – 1525 völlig hoffnungslos wurde oder daß nach der Reformation unabhängiges Denken und Wissenschaft unmöglich wurden. De facto setzte sich die Tradition humanistischer Gelehrsamkeit ungehindert fort, und es gab vielleicht nach der Reformation mehr unabhängige philosophische Spekulation, als es in der Frührenaissance gegeben hatte.

Diese Tatsachen lassen sich ganz einfach erklären. Menschliches Denken und Wissen hat viele verschiedene Bereiche und erstreckt sich in viele verschiedene Richtungen. Ein totalitärer Anspruch theologischer Orthodoxie könnte, wenn er je gestellt worden ist, ebensowenig erzwungen werden wie der der politischer Orthodoxie heute. Es gab und gibt einen weiten Bereich philosophischen Denkens, natur- und geisteswissenschaftlicher Gelehrsamkeit, der theologisch und politisch neutral ist und der schon immer von Personen verschiedener religiöser und politischer Zugehörigkeit gepflegt worden ist. Es gibt so etwas wie eine Autonomie der Kultur, und es war immer die Aufgabe und Pflicht der Wissenschaftler, dieses Territorium gegen tiefgreifende Einmischungen religiöser und politischer Einflüsse zu verteidigen, während die Außenbereiche immer für diese Einflüsse offenbleiben. Ich hoffe deutlich gemacht zu haben, daß ich weit davon entfernt bin, den Einfluß der Reformation auf das geistige Leben des späteren 16. Jahrhunderts zu unterschätzen, aber daß ich es gleichzeitig für möglich halte, die Geschichte der Bildung, Wissenschaft und Philosophie dieser Epoche gesondert von ihren religiösen und politischen Entwicklungen zu untersuchen.

Die Denker, mit denen wir uns in diesen übrigen Kapiteln befassen wollen, werden gewöhnlich zusammen mit einer Reihe anderer Denker Italiens und anderer Länder als die Naturphilosophen der Renaissance bezeichnet; sie werden als eine eigene Gruppe angesehen, gesondert von den Humanisten, Platonikern und Aristotelikern, die wir bis jetzt besprochen haben. Die Bezeichnung impliziert, daß das Hauptinteresse dieser Männer der Naturphilosophie und Kosmologie galt, so wie das der frühen humanistischen Denker der Ethik. Aber was die Naturphilosophen vor allem von den Platonikern und Aristotelikern ihrer Zeit oder der vorausgehenden Generationen unterschied, war nicht so sehr der breite Gegenstandsbereich ihres Denkens als vielmehr ihr Versuch und Anspruch, die Prinzipien der Natur lieber auf eigenständige und unabhängige Art zu erforschen als innerhalb des Rahmens einer etablierten Tradition und Autorität. Sie versuchten, neue Theorien zu formulieren, und setzten ihren Stolz darein, sich von den alten philosophischen Autoritäten zu befreien, vor allem von Aristoteles, der seit mehreren Jahrhunderten die philosophische Spekulation und besonders die Naturphilosophie beherrscht hatte. Dieser Anspruch wird aus den Polemiken und Einleitungen, ja manchmal sogar schon aus dem Titel ihrer Werke deutlich.

Diese Haltung spricht angesichts einer fest etablierten Tradition für beachtlichen Mut und sogar Tollkühnheit. Wieviel auf dem Spiel stand, können wir am Beispiel Cardanos erkennen, welcher es für eine seiner Hauptleistungen hielt, das traditionelle Schema der vier Elemente auf drei reduziert zu haben, indem er den Elementarcharakter des Feuers leugnete.[1] Das Verlangen nach Originalität spiegelt eine Überzeugung wider, die sich in dieser Zeit durchzusetzen begann und die im 17. Jahrhundert ein viel größeres Ausmaß erreichte, nämlich daß es den Modernen möglich sei, neue Entdeckungen zu machen und Wissen zu erwerben, das der Antike nicht zugänglich gewesen war.[2] Tatsächlich wurde das 16. Jahrhundert auf dem Gebiet der Mathematik, der Astronomie, der Anatomie und der Botanik Zeuge der ersten greifbaren Fortschritte gegenüber der Antike, und sowohl die Erfindung des Buchdrucks als auch die Entdeckung Amerikas wurden als Argumente für die Überlegenheit der Modernen eingesetzt.

Wie schon zu erwarten, waren die neuen Naturphilosophen keineswegs so originell und unabhängig von antiken Autoritäten, wie sie es ihrem Anspruch nach sein wollten, genauso wie die eingeschworenen Platoniker oder Aristoteliker ihrerseits nicht so getreue Anhänger ihrer antiken Autoritäten waren, wie sie zu sein glaubten. Bei den Naturphilosophen werden wir mehrfach auf Niederschläge aristotelischer, platonischer und anderer antiker, mittelalterlicher oder humanistischer Ideen stoßen, die nicht bloß unverdaute Reste einer obsolet gewordenen Tradition, sondern vielmehr essentielle Bestandteile des neuen Denkens sind. Aber die Haltung bleibt signifikant, und die Naturphilosophen wurden ihrer unabhängigen Einstellung wegen ebenso oft als die Vorläufer moderner Philosophie und Naturwissenschaft gepriesen wie wegen einzelner Theorien.

Was sie von den frühen modernen Naturwissenschaftlern und von den Philosophen des 17. Jahrhunderts unterscheidet, die von der neuen Wissenschaft als Prämisse ausgingen, ist, daß es ihnen nicht gelang, eine feste und gültige Methode der Naturforschung zu finden und insbesondere die fundamentale Bedeutung der Mathematik für eine solche Methode zu erkennen. Dies viel eher als das tote Gewicht obsoleter Traditionen war der Grund dafür, daß ihre brillanten und beeindruckenden Konstruktionen mehr oder weniger isoliert blieben und es ihnen nicht gelang, eine breite Anhängerschaft zu gewinnen oder den Unterricht in Naturphilosophie an den Universitäten zu beeinflussen, der fest unter der Kontrolle der Aristoteliker blieb. Die aristotelische Tradition in der Naturphilosophie wurde nicht durch die von außen kommenden Angriffe der Humanisten und der Platoniker und auch nicht durch die interessanten Theorien der Naturphilosophen gestürzt. Sie wich erst im und nach dem 17. Jahrhundert, als die neue Naturwissenschaft Galileis und seiner Nachfolger in der Lage war, denselben Gegenstand aufgrund einer fest etablierten und überlegenen Methode zu behandeln.

Bernardino Telesio war nicht der erste der unabhängigen Naturphilosophen des 16. Jahrhunderts. Ihm waren in Italien der Humanist Girolamo Fracastoro und der Polyhistor Girolamo Cardano vorausgegangen und in Deutschland der Mediziner und Okkultist Theophrastus Paracelsus, um nur einige der berühmtesten Namen zu nennen. Ich habe beschlossen, Telesio anstelle der anderen zu behandeln, da sich sein Denken durch ein gewisses Maß an Klarheit und Kohärenz auszeichnet und weil einige seiner Ideen wichtige Aspekte der späteren Philosophie vorwegnehmen.

Telesio wurde 1509 in Cosenza geboren und eröffnet gewissermaßen die lange Reihe von Philosophen, durch die Süditalien sein griechisches Erbe behauptet hat und die ihn mit Bruno und Campanella, mit Vico im 18. Jahrhundert und mit Croce und Gentile in unserem Jahrhundert verbindet. Telesio erhielt seine Ausbildung zunächst in Mailand und Rom von seinem Onkel, dem Humanisten Antonio Telesio, und studierte Philosophie und Mathematik an der Universität von Padua, wo er 1535 doktorierte. Anschließend verbrachte er vermutlich ein paar Jahre in einem Kloster in Kalabrien, mit seinen Studien und seiner Philosophie beschäftigt, die sich von der aristotelischen Tradition, in der er aufgewachsen war, zu entfernen begannen. Er heiratete 1553 und hatte vier Kinder; seine Frau starb 1561. Nach langem Zögern veröffentlichte er in Neapel 1565 die erste Ausgabe seines Hauptwerks, *De rerum natura iuxta propria principia.* Diese Edition ist in zwei Bücher gegliedert, die den ersten vier Büchern der endgültigen Fassung entsprechen. 1570 veröffentlichte er eine etwas revidierte zweite Ausgabe, der er einige kürzere Traktate über spezielle Probleme der Naturphilosophie hinzufügte. Nachdem er eine gewisse Anerkennung von einigen Philosophen in Nord- und Mittelitalien erlangt hatte, veröffentlichte er endlich 1586 eine dritte, stark erweiterte Ausgabe des Werkes. Diese Edition ist in neun Bücher eingeteilt, und auf ihr basiert die moderne kritische Ausgabe. Kurz darauf wurde Telesio durch den tragischen Tod eines seiner Söhne schwer erschüttert und starb 1588 in Cosenza. Eine Reihe kürzerer Werke wurde 1590 posthum veröffentlicht.

Telesio hat niemals an einer Universität unterrichtet, obwohl er mindestens ein Angebot aus Rom erhalten hatte. Aber in seiner Heimatstadt Cosenza, in der er einen Großteil seiner späteren Jahre, einige lange Aufenthalte in Neapel ausgenommen, verbrachte, gründete er nach dem Brauch der Epoche eine Akademie, die Accademia Cosentina, die dem Studium der Naturphilosophie nach seinen Prinzipien und Methoden gewidmet war. Hier scheint er in gewissem Umfang unterrichtet zu haben, jedenfalls hatte er einige Schüler, und die Akademie setzte ihre Tätigkeit nach seinem Tod noch eine Reihe von Jahren fort.

Es wird das beste sein, bei der Besprechung der Philosophie Telesios eine kurze Zusammenfassung seines Hauptwerkes *De rerum natura* zu geben, wobei ich die endgültige dritte Ausgabe zugrunde lege, die bei weitem die vollständigste ist. Im Vorwort weist Telesio die Lehre des Aristoteles zurück, da sie den Sinnen, sich selber und der Hl. Schrift widerspreche, und nimmt für seine eigene Lehre in Anspruch, daß sie frei von diesen Mängeln sei.[3] In der Einleitung zum ersten Buch insistiert er wieder darauf, daß er im Gegensatz zu seinen Vorläufern, die nur ihren eigenen Erfindungen gefolgt seien, ausschließlich den Sinneswahrnehmungen und der Natur gefolgt sei, aber er fügt hinzu, daß er bereit sei, selbst das

Zeugnis der Sinne der Autorität der Hl. Schrift und der katholischen Kirche unterzuordnen.[4]

Dann beginnt er, die Prinzipien seiner Naturphilosophie darzustellen, und setzt Wärme und Kälte als die zwei aktiven Prinzipien aller Dinge an und die Materie als drittes, passives Prinzip. Der Himmel und vor allem die Sonne repräsentiert das Prinzip der Wärme, die Erde das Prinzip der Kälte, und aus ihrem Zusammenwirken werden alle anderen Dinge erzeugt (I,1–5).

Nach etwas ausführlicherer Weiterentwicklung und Anwendung dieser Prinzipien beschließt Telesio das erste Buch seines Werkes mit einer interessanten Interpretation von Zeit und Raum (I,25–29). Telesio argumentiert, die Wasseruhr und andere beobachtbare Phänomene als Beispiel anführend, gegen Aristoteles für die Möglichkeit eines leeren Raumes und definiert Raum als etwas, was befähigt sei, Körper zu enthalten, und von den Körpern, die es enthält, unterschieden (I,25). Dieser Raum ist frei von Bewegung, durch und durch identisch, kann ohne Körper existieren und ist dasjenige, worin alle Dinge ihren Platz haben. Zur Verteidigung dieser Ansicht appelliert Telesio an das Zeugnis der Sinne gegen die Gründe des Aristoteles. Ähnlich argumentiert er gegen Aristoteles, daß die Zeit nicht von der Bewegung abhängig sei und daß alle Bewegung die Zeit voraussetze und innerhalb der Zeit ablaufe (I,29).

Nachdem er seinen eigenen Standpunkt dargestellt hat, überprüft und verwirft Telesio die Ansichten früherer Philosophen, besonders des Aristoteles und seiner Anhänger, obwohl er sie in diesem Zweig der Philosophie für allen anderen überlegen erachtet. Die Kritik am Aristotelismus bildet den Inhalt der folgenden drei Bücher, und dies ist der Abschnitt, mit dem das Werk in den ersten zwei Ausgaben endete.

Offensichtlich bildet die bisher kurz wiedergegebene Lehre den frühesten Kern der Philosophie Telesios, und die in den späteren Büchern ausgeführten Theorien wurden erst in einem späteren Stadium seiner Entwicklung niedergeschrieben oder gar konzipiert. Im großen und ganzen kann man sagen, daß die ersten vier Bücher die Kosmologie, die letzten fünf biologische und speziell psychologische Probleme zum Inhalt haben. Die gesamte Diskussion hängt an einer grundlegenden Distinktion, die Telesio im fünften Buch einführt und für den Rest des Werkes aufrecht erhält (V,2).

Nach dieser Distinktion gibt es im Menschen zwei verschiedene Seelen. Telesio nennt die erste davon den aus dem Samen erzeugten „spiritus“ und die zweite die von Gott eingehauchte Seele. Die erste, die wir kurz als Lebensgeist bezeichnen wollen, ist ebenso bei Tieren und sogar bei Pflanzen anzutreffen. Es ist dies eine Art von subtilem Körper und muß nicht ausschließlich als die Form des Körpers betrachtet werden, wie Aristoteles annahm, sondern vielmehr als ein unabhängig existierendes Ding. Er hat seinen Ort zunächst im Gehirn, verbreitet sich von dort aus aber durch den gesamten Körper. Ein Lebewesen besteht somit aus dem Lebensgeist und dem Körper, zwei voneinander getrennten und unterschiedenen Dingen; der Lebensgeist ist in dem Körper eingeschlossen wie in einer Hülle oder einem Organ. Die erste Funktion des Lebensgeistes ist aber, wie uns im Buch VII erklärt wird, die Wahrnehmung, und daher kommt Wahrnehmung allen Dingen vermittels des Lebensgeistes zu. Der Lebensgeist verfügt über Wahrnehmung, weil er von äußeren Dingen affiziert und verändert und dieser Veränderungen und Passionen, die ihm widerfahren, inne wird. Daher nimmt der Lebensgeist die Dinge der Außenwelt wahr, insofern er seine eigenen Veränderungen und Passionen wahrnimmt, die ihrerseits von diesen äußeren Dingen verursacht werden (VII,2).

Die Wirkung der äußeren Dinge auf den Lebensgeist besteht in Ausdehnung und Zusammenziehen, und diese Impulse können zur Erhaltung oder Zerstörung des Lebensgeistes führen. Daher ist die Wahrnehmung unmittelbar mit Lust oder Schmerz verbunden, da Lust nichts anderes ist als die Empfindung der Erhaltung und Schmerz nichts anderes als die Empfindung der Zerstörung (VII,3).

Alle Wahrnehmung ist letztlich von dem Tastsinn abgeleitet (VII,8). Eingedenk dieses Prinzips bespricht Telesio in Buch VIII die verschiedenen Arten von Wissen. Der Lebensgeist, so wiederholt er, nimmt alle Dinge wahr, weil er von allen Dingen affiziert und bewegt wird, und so nimmt er auch ihre Ähnlichkeit und Unähnlichkeit wahr. Durch die Wahrnehmung der Objekte als identisch oder verschieden gelangt der Lebensgeist zu allgemeinen Begriffen (VIII,1). Denn der Lebensgeist besitzt außer der Wahrnehmung die Fähigkeit des Gedächtnisses oder des Festhaltens (VIII,2). Nun besteht alles Wissen im Übergang von dem vollständig Bekannten zu dem nur teilweise Bekannten. Wenn der Verstand etwas bejaht, so tut er es aufgrund einer Ähnlichkeit mit wahrgenommenen Dingen, und er weist alles zurück, was seinen Wahrnehmungen widerspricht. Also ist die Grundlage allen intellektuellen Wissens eine durch die Sinne wahrgenommene Ähnlichkeit.[5] Intellektuelles Wissen ist daher abgeleitet von der Sinneswahrnehmung und weniger vollkommen als diese (VIII,3). Sogar die Geometrie ist auf Sinneswahrnehmung gegründet (VIII,4), und mathematische Schlüsse sind denen der Naturphilosophie untergeordnet (VIII,5). Da unser Denken der Ermüdung, dem Irrtum und der Vergeßlichkeit ausgesetzt ist, ist bewiesen, daß es unter Mitwirken des Lebensgeistes ausgeübt wird, der diesen Unzulänglichkeiten unterliegt, obwohl auch die höhere Seele am Denken beteiligt sein mag. Reines Denken ohne Mitwirken des Lebensgeistes wird nur in einem zukünftigen Leben möglich sein (VIII,6). All unser Wissen, soweit es sich auf natürliche Objekte bezieht und sich von ihnen herleitet, ist also auf die Sinneswahrnehmung und auf die Ähnlichkeit ihrer Objekte gegründet (VIII,7). Dieses Wissen und dieser Verstand eignen, da sie auf die Sinneswahrnehmung bezogen sind, auch den Tieren (VIII,14).

Andererseits besitzt der Mensch eine höhere Seele, die von Gott geschaffen und seinem Körper, speziell seinem Lebensgeist eingehaucht wird; diese Seele verfügt über eine andere, ihr gemäße Fähigkeit zu denken. So hat der Mensch also zwei Seelen, die eine göttlich und unsterblich, die andere körperlich und sterblich. Daraus ergibt sich, daß er auch zweierlei Begierde und zweierlei Intellekt haben muß. Der eine Intellekt erkennt göttliche Dinge, gehört zur eingehauchten Seele und ist spezifisch menschlich. Der andere Intellekt erkennt Sinnesobjekte, gehört dem Lebensgeist an und eignet auch den Tieren. Wir sollten besser die Bezeichnung „Intellekt" nur für den ersteren reservieren und den letzteren die Fähigkeit des Wissens und Erinnerns nennen. Aufgrund seines zwiefachen Verlangens besitzt der Mensch Willensfreiheit, die den Tieren fehlt (VIII,15). Der Intellekt der eingegebenen Seele ist unkörperlich und verfügt über kein körperliches Instrument; er verhält sich zu seinen Objekten ausschließlich passiv und potentiell. Er empfängt die Formen von seinen Objekten und verhält sich zu intelligiblen Dingen auf die gleiche Weise, wie sich die Wahrnehmung zu sinnlichen Objekten verhält (VIII,19).

Nach dieser Abschweifung über die eingehauchte Seele, die größtenteils im Buch VIII enthalten ist, kehrt Telesio zur Besprechung des Lebensgeistes zurück und versucht, auf dieser Basis eine detaillierte Theorie der Passionen, Tugenden und Laster aufzubauen. Unterschiede in intelligiblem und moralischem Charakter unter den Menschen werden auf die Unterschiede ihrer Lebensgeister hinsichtlich der Wärme, Feinheit und Reinheit zurückgeführt (VIII,35–36). Der Lebensgeist wird vom Prinzip der Selbsterhaltung beherrscht (IX,3), und Lust ist nichts anderes als die Empfindung dieser Erhaltung, wie wir bereits gesehen haben. Unsere Passionen und Emotionen spiegeln die Veränderungen wider, denen unser Lebensgeist ausgesetzt ist, und die Selbsterhaltung des Lebensgeistes gibt den Maßstab dieser Emotionen ab. Gemäßigte Emotionen machen die Tugend aus, denn sie entsprechen günstigen Impulsen, die der Lebensgeist aufnimmt und die zu seiner Erhaltung führen, während unmäßige Emotionen das Laster ausmachen, da sie schädlichen Impulsen entsprechen, die zur Zerstörung des Lebensgeistes führen (IX,4). Telesio beendet sein Werk mit einer detaillierten Besprechung einzelner Tugenden und Laster auf der Grundlage dieser Prinzipien.

Ich habe bewußt davon Abstand genommen, diese Zusammenfassung des Systems Telesios durch eigene Kommentare zu unterbrechen, um seine scheinbare Überzeugungskraft und Kohärenz zu vermitteln. Wenn wir aber diese Gedankengänge eingehender betrachten, wird eine Reihe von Problemen sichtbar. Was Telesios Verhältnis zu Aristoteles anbelangt, müssen wir zugeben, daß er sowohl in seinen eigenen Theorien als auch in seiner detaillierten Kritik an Aristoteles' Ansichten beachtliche Unabhängigkeit beweist, die um so schätzenswerter ist, als sie nicht Unkenntnis, sondern eine gründliche Vertrautheit mit den aristotelischen Schriften zum Ausgangspunkt hat und mit einer ehrlichen Anerkennung der relativen Verdienste des Aristotelismus einhergeht.[6] Die einzigen weiteren Quellen, die Telesio ausführlicher zitiert, scheinen die medizinischen Autoritäten Hippokrates und Galen zu sein, und dies legt die Vermutung nahe, daß er in Padua neben Philosophie und Mathematik auch Medizin studiert hat, obwohl er in dieser Disziplin keinen Grad erwarb. Von diesen und späteren medizinischen Autoritäten bezog er seine detaillierten Kenntnisse vom menschlichen Körper und seinen Teilen und Funktionen, die in den physiologischen Abschnitten seines Werkes deutlich erkennbar sind.

Seine Vorstellung vom Lebensgeist als einem feinen Körper ist ebenfalls der medizinischen Tradition verpflichtet, und vermutlich auch dem stoischen „Pneuma"-Begriff, den er aus verschiedenen antiken Quellen kennen konnte. Der Versuch, Lust und Schmerz als primäre Gefühle zu betrachten, die eng mit der Empfindungsfähigkeit verbunden sind, erinnert an Epikur; aber Telesio verbindet die Tugend offenbar nicht direkt mit der Lust, sondern bezieht sie beide auf das Prinzip der Selbsterhaltung, was wiederum den Stoikern am nächsten kommt. Sein extremer Sensualismus, der die sinnliche Wahrnehmung zur einzigen Grundlage des Wissens macht, kann gleichfalls mit stoischen und epikureischen Ideen verglichen werden, während der mehr ins Einzelne gehende Versuch, die Universalien von den wahrgenommenen Ähnlichkeiten zwischen Sinnesobjekten abzuleiten, die Ansichten seines älteren Zeitgenossen Fracastoro widerspiegelt. Die Annahme von Wärme, Kälte und Materie als den Prinzipien der physischen Welt hat kein genaues Gegenstück im Vorsokratischen Denken, wie man auf den ersten Blick vermuten könnte, sie ist vielmehr eine spezifiziertere Version der Trias Materie, Form und Privation, die in der Aristotelischen *Physik* (I,7) auftritt, während die Unterscheidung zwischen aktiven und passiven Prinzipien wiederum stoische Anklänge hat.

Die Unterscheidung zwischen den beiden Seelen und ihren jeweiligen Fähigkeiten des Wissens und Begehrens ist endlich ausgeprägt neuplatonisch und vielleicht auch dem Einfluß Ficinos zu verdanken, obwohl die Art, wie Telesio unsere Fähigkeiten unter die beiden Seelen aufteilt, nicht genau den Ansichten dieser Vorläufer entspricht. Wenn er die höhere Seele als eingehaucht oder geschaffen bezeichnet, entlehnt er dies offensichtlich der Theologie, aber anderwärts gibt es in seiner Philosophie nur wenig Spuren spezifisch theologischer Lehren, die Unterordnung unter die Kirche, die er in der Einleitung zum Ausdruck bringt, ausgenommen.

Diese offenkundigen Anleihen aus verschiedenen Quellen sollte man nicht außer acht lassen, aber der Gesamteindruck bleibt, daß Telesio im Umwandeln und Kombinieren dieser Elemente und in der Formulierung einiger wichtiger neuer Ideen bemerkenswert originell gewesen ist. In seiner Kosmologie ist die der Wärme, Kälte und Materie zugewiesene Rolle vor allem von historischem Interesse, da es sich um einen der ersten ernsthaften Versuche handelt, die Naturphilosophie des Aristoteles zu ersetzen. Wir können Telesio auch zugestehen, daß er offensichtlich die scharfe Trennung zwischen himmlischen und irdischen Phänomenen aufhob, die eine der Hauptschwächen des aristotelischen Systems darstellte. Von größerer Bedeutung sind seine Theorien des Vakuums, des Raumes und der Zeit. Sein Postulat eines leeren Raumes war in gewissem Sinn eine Rückkehr zu den Positionen der antiken Atomisten, die Aristoteles zu widerlegen versucht hatte; diese Position muß Telesio aus Lukrez und auch aus Aristoteles selber bekannt gewesen sein, aber die Beweisführung, auf die er sich stützt, war z.T. neu und sozusagen experimentell.

Noch bedeutender ist seine Theorie des Raumes und der Zeit. Während Aristoteles die Zeit als Zahl und Maß der Bewegung definiert und sie so von der Bewegung abhängig gemacht hatte, betrachtet Telesio die Zeit als ein leeres Aufnehmendes, unabhängig von der Bewegung und ihr vorgeordnet. Er geht somit weit über Aristoteles hinaus in Richtung auf den Newtonschen Begriff der absoluten Zeit.

Im Falle des Raumes ist der Wandel in der Auffassung sogar noch interessanter. Der griechische Terminus „topos", den wir oft mit „Raum" übersetzen, hat die ursprüngliche Bedeutung „Ort", und die Theorie des Aristoteles, der „topos" des enthaltenen Körpers sei die Grenze des ihn enthaltenden Körpers, ist viel schlüssiger, wenn wir „topos" mit „Ort" anstatt mit „Raum" übersetzen. Telesio scheint sich dieser Mehrdeutigkeit bewußt gewesen zu sein, denn er benutzt nicht nur die Bezeichnung „locus", die lateinische Standardübersetzung für den „topos" des Aristoteles, sondern auch „spatium", was für seine eigene Vorstellung eines leeren Raumes, in dem alle Körper enthalten sind, viel angemessener ist. Hierin entfernt er sich abermals von Aristoteles in Richtung des Newtonschen absoluten Raumes; aber mehr noch, ich neige zu der Annahme, daß es Telesio selber war, der dem Wort „spatium" (Raum) seine terminologische Präzisierung verlieh und es für „locus" einsetzte, ein Gebrauch, für den ich keine deutlichen früheren Beispiele kenne (obwohl das auch bloß an meiner Unkenntnis liegen kann).[7] Dies würde wieder einmal ein Prinzip bestätigen, das oft in der Ideen- und Begriffsgeschichte gültig zu sein scheint, nämlich daß ein spezifischer Terminus gewöhnlich im Kontext des Systems geprägt wird, in welchem die durch den Terminus ausgedrückte Vorstellung erstmals eingeführt wird und in welchem die Notwendigkeit eines solchen Terminus erstmals und in gewissem Maße zwingend auftritt. Es wäre auch ein Beispiel dafür, daß die spezifische Bedeutung gebräuchlicher Begriffe in den modernen Umgangssprachen nicht immer auf den heutigen Gebrauch, wie er in den Wörterbüchern des 20. Jahrhunderts festgelegt ist, basiert, sondern oft in dem ganz außergewöhnlichen Denken und Sprachgebrauch der Philosophen aus der Vergangenheit, welche sich in ungewöhnlichen griechischen oder lateinischen Termini ausdrückten, die im Lauf der Jahrhunderte durchsickerten und in die gewöhnlichen Vokabeln der deutschen, englischen, französischen oder jeder anderen modernen Sprache umgewandelt wurden, die von einem Volk gesprochen wird, das das Glück hatte, einen Teil seiner Begriffe und Wörter von den antiken griechischen Philosophen und den lateinischen des Mittelalters und der frühen Neuzeit zu übernehmen.

Außerdem müssen wir anerkennen, daß Telesio Raum und Zeit als ein Begriffspaar behandelte, das zusammengehört und auf analoge Weise besprochen werden muß und das sich in seinem Status irgendwie von allen anderen Gruppen von Konzepten unterscheidet. Aristoteles behandelt zwar sowohl die Zeit als auch den Ort in seiner *Physik*, aber er behandelt die beiden Begriffe nicht völlig parallel. Im vierten Buch der *Physik* sind die Besprechung des Ortes und die der Zeit getrennt durch eine Diskussion des Vakuums, die nicht bloß als ein Teil des Abschnittes über den Ort gilt.[8] Indem er Raum und Zeit einen besonderen Status zuerkennt, nimmt Telesio abermals Newton, und in diesem Fall sogar Leibniz und Kant vorweg.

Endlich ist auch Telesios radikale Erkenntnistheorie, die alles auf Sinneswahrnehmung zurückführt, ein bedeutender Beitrag. Sein Versuch, sogar die Vernunft und ihre Allgemeinbegriffe von der Wahrnehmung herzuleiten, hatte, wie wir gesehen haben, seine Vorläufer, aber die Durchführung ist viel konsistenter; Telesio kann hierin wohl als Quelle und Vorläufer Francis Bacons und der Englischen Empiristen angesehen werden. Bacon kannte Telesios Werk und kritisierte es ziemlich scharf, sowohl wegen spezifischer Gedanken als auch wegen des angeblichen Versäumnisses, das gewählte Kriterium der sinnlichen Wahrnehmung auch anzuwenden. Aber wenn Bacon Telesio den „ersten Modernen" nannte, muß er an seine Betonung der sinnlichen Wahrnehmung und an seine Unabhängigkeit von Aristoteles gedacht und ihn in diesen Hinsichten als seinen eigenen Vorläufer betrachtet haben.[9]

Telesios Meinung, daß die Wahrnehmung ursprünglich dem Lebensgeist, der materiell ist, angehöre, scheint nicht zu befriedigen, da sie die Frage offenläßt, wie

Wahrnehmung und Bewußtsein von einem materiellen Ding abgeleitet werden könne. Es war dies gewissermaßen eine Rückkehr zu dem Hylozoismus der Vorsokratiker oder dem Materialismus der Stoiker, deren „Pneuma" Telesios Lebensgeist in so vielen Hinsichten ähnelt. Wahrscheinlich hielt er diese Theorie für zweckmäßig, weil sie sein Schema natürlicher Prinzipien vereinfachte und ihm ermöglichte, seine physikalischen Theorien mit einem Großteil seiner Erkenntnistheorie, Psychologie und Ethik zu verbinden. Diese Theorie wurde von einem berühmten Schüler Telesios, Campanella, aufgenommen und weiterentwickelt, welcher wenigstens in seiner frühen Phase behauptete, alle Materie sei unmittelbar mit Wahrnehmung ausgestattet.[10]

Telesios Lehre von den zwei Seelen hat viele seiner Interpreten vor ein Rätsel gestellt, denn seine Einführung der höheren Seele scheint die Kontinuität und Kohärenz seines im übrigen naturalistischen Systems zu durchbrechen und ihm Elemente platonischen und theologischen Ursprungs beizumengen, die mit seinem übrigen Denken schwer vereinbar zu sein scheinen. Wie in solchen Fällen üblich, haben einige Historiker behauptet, Telesio sei nicht aufrichtig in der Annahme dieser Zutat gewesen und hätte lediglich versucht, mögliche theologische Kritiker und Gegner zufriedenzustellen. Die Furcht vor der Inquisition war zweifellos zu Telesios Zeit ein eher ernstzunehmender Faktor als hundert Jahre vorher oder sogar noch für Pomponazzi, aber ich kann trotzdem keinen wirklichen Beweis dafür entdecken, daß die Lehre von der höheren Seele von Telesio nicht wirklich allen Ernstes aufgestellt und vertreten worden wäre. Selbst wenn wir annehmen wollen, daß er der Meinung war, er müsse an diesem Punkt eine Konzession machen, müßten wir uns fragen, warum er so wenig andere gemacht hat. Für einen übelwollenden Kritiker enthält das Werk, so wie es dasteht, eine ganze Menge angreifbarer Behauptungen, deren Bedeutung keineswegs von dieser angeblichen Konzession herabgemindert wird. Ich sehe keine Schwierigkeit in der Annahme, daß Telesio ein guter Katholik gewesen sei und es für notwendig erachtete, neben dem Lebensgeist eine höhere Seele einzuführen, um zu gewährleisten, daß die menschliche Seele unsterblich sei und mit Gott in Beziehung stehe. Wir müssen auch feststellen, daß er unsere Funktionen auf eine sehr eigenständige Weise auf die beiden Seelen verteilte, die, soweit ich sehen kann, sich stark von den Ansichten aller seiner Vorläufer unterscheidet. Denn er schreibt der niedrigeren Seele nicht nur unsere biologischen Funktionen, die Sinneswahrnehmung und das Gedächtnis zu, sondern auch Verstandestätigkeit und Erkenntnisfähigkeit, sofern sie sich auf natürliche Objekte beziehen. Die Erkenntnis intelligibler oder göttlicher Objekte hat keinen Zusammenhang mit der Wahrnehmung und gehört folglich nicht dem Lebensgeist, sondern der höheren Seele an. Wenn Telesio sagt, eine reine Erkenntnis göttlicher Dinge werde erst im jenseitigen Leben möglich sein, und daß die höhere Seele im gegenwärtigen Leben, wenn sie in uns denkt, dies nur unter Mitwirkung des Lebensgeistes tut, würde ich nicht insinuieren, daß er in Wirklichkeit die Möglichkeit eines unvollkommenen Wissens von göttlichen Dingen im gegenwärtigen Leben leugnet. Aber auch wenn wir bedauern mögen, daß er die Lehre von der höheren Seele hinzufügte, müssen wir immer noch überrascht sein, wie weit er in der Erweiterung der Grenzen seiner naturalistischen Prinzipien gehen konnte.

Um Telesios Einfluß und historische Bedeutung zu würdigen, müssen wir einige bereits erwähnte Tatsachen wiederholen und ergänzen. Durch seine Schriften und seine Akademie erregte Telesio die Aufmerksamkeit und erlangte den Respekt vieler seiner Zeitgenossen, und er wird von so bedeutenden Denkern zitiert und kritisiert wie Patrizi[11] und Bacon. Er hatte auch eine kleine Anzahl späterer Schüler und Anhänger, vor allem den jungen Campanella (1568–1639) (der die letzten Jahre seines Lebens in Frankreich verbrachte und es zu großem Ansehen sowohl wegen der Wechselfälle seines Lebens als auch durch seine umfassende literarische Produktion brachte). In einigen seiner charakteristischen Theorien endlich scheint Telesio ein direkter oder indirekter Vorläufer von Newton und Locke gewesen zu sein. Als Vorläufer eines bedeutenden modernen Denkers bezeichnet zu werden, ist heute nicht mehr solch ein uneingeschränktes Lob, wie es einmal gewesen ist, und es kann sogar einen ironischen Beigeschmack haben. Solange die Historiker davon überzeugt waren, daß modernes Denken und moderne Kultur in ununterbrochener Kurve stetigen Progresses aufwärtsstrebten, war als ein Vorläufer eines späteren Denkers bezeichnet zu werden die größte Ehre, die einem Philosophen der Vergangenheit erwiesen werden konnte. Er wurde herausgehoben aus der bedauerlichen Rückständigkeit seiner eigenen Zeit und in die Gesellschaft eines fortschrittlicheren und aufgeklärteren Jahrhunderts emporgehoben. Unser zynisches Zeitalter hat aber diesen glücklichen Glauben an einen ununterbrochenen, ja gar unausbleiblichen Fortschritt verloren. Der einzige unausbleibliche Fortschritt scheint der technologische zu sein, und auch der erscheint zeitweise nicht als ungetrübter Segen. Jede andere Form von Fortschritt muß durch große Anstrengungen und manchmal im Kampfe errungen werden; hat man ihn errungen, so um einen hohen Preis, und sogar dann ist er leicht wieder zu verlieren.

Diese Zweifel an einem stetigen Fortschritt sind in der Geschichte der Philosophie besonders naheliegend. So sehe ich z.B. in Locke nicht die höchste Autorität in der Philosophie oder der Erkenntnistheorie, obgleich ich sein Werk und seine Persönlichkeit achte, und deshalb würde ich es nicht als ein besonders hohes Lob Telesios ansehen, wenn er sein Vorläufer genannt wird. Ein Vorläufer Kants oder

Hegels würde auf mich viel größeren Eindruck machen, und einige meiner Kollegen haben vielleicht wieder ganz andere Vorlieben und Präferenzen. Auch die Naturwissenschaft hat ihre Wechselfälle und Revolutionen, und was noch vor kurzem das letzte Wort zu sein schien, erscheint auf einmal veraltet und wird von einer völlig anderen Theorie verdrängt. Solange Newtons Begriffe von Zeit und Raum allgemein anerkannt waren, erschien es zweifellos als ein hohes Lob für Telesio, als sein Vorläufer zu gelten; da nun Newtons Theorien durch die Einsteinschen und andere ersetzt worden sind, müßte man annehmen, daß das Lob beachtlich an Rang eingebüßt hat. Die Historiker sollten vorsichtiger sein mit dem Anpreisen eines Denkers der Vergangenheit als Vorläufer der neuesten Mode in Philosophie oder Naturwissenschaft; es wird ihm morgen nichts nützen, wenn diese Systeme selbst zu einem Stück Vergangenheit geworden und ganz anders geartete an der Tagesordnung sind.

Trotzdem bin ich im Falle Telesios und Newtons etwas anderer Ansicht. Es ist wahr, daß Newton von Einstein überholt worden ist, aber das bedeutet nicht, daß Newton plötzlich ganz falsch oder daß Aristoteles auf einmal ein Vorläufer Einsteins geworden ist oder einen späten Sieg über Newton errungen hat. Die Naturwissenschaft macht beständige Fortschritte, denn sie akkumuliert ihre Erkenntnisse, und jede Theorie stellt gegenüber der vorangehenden einen Progress dar, insofern sie in überzeugenderer Weise allen Erkenntnissen Rechnung trägt, die zur Zeit ihrer Formulierung zur Verfügung stehen. Die äußere Ähnlichkeit zweier Theorien ist eigentlich bedeutungslos. Was den Ausschlag gibt, ist der Umfang empirischer und rationaler Beweise, auf die die jeweilige Theorie sich gründet. Die Physik des Aristoteles war für seine Zeit beachtlich und für viele folgende Jahrhunderte ausreichend. Als sie für die im 17. Jahrhundert verfügbaren Erkenntnisse nicht mehr ausreichte, wurde sie unwiderruflich von der Physik Galileis und Newtons verdrängt. Ebenso wurde Newtons Physik von der des 20. Jahrhunderts verdrängt, weil sie den neu gewonnenen Erkenntnissen nicht mehr Rechnung tragen konnte. Dies ist kein Verdienst oder Trost für Aristoteles, dessen Kenntnisse der Physik viel geringer als die Newtons waren und dessen System keineswegs wiederbelebt worden ist, obwohl einige seiner Behauptungen eine entfernte oder oberflächliche Ähnlichkeit mit der heutigen Physik haben mögen.

Deshalb kann es nach alledem doch ein Lob für Telesio sein, als Vorläufer Newtons zu gelten, insbesondere da er einige der schwachen Stellen der Aristotelischen Physik entdeckt hat und da er mindestens einen indirekten Einfluß auf Newton gehabt haben mag. Trotzdem halte ich es für ein weit größeres Lob, wenn wir feststellen, daß Telesio an und für sich ein anerkennenswerter Denker gewesen ist, der durch die Aufrichtigkeit und Eigenständigkeit seiner Bestrebungen unsere Bewunderung verdient hat und der es fertigbrachte, einer der typischen und wiederkehrenden philosophischen Einstellungen eine neue, und in gewissem Sinne klassische Formulierung zu geben.

PATRIZI

Francesco Patrizi war ca. 20 Jahre jünger als Telesio, starb aber nicht viel später als dieser, noch vor dem Ende des 16. Jahrhunderts, weshalb man sie als Zeitgenossen ansehen kann. Die beiden Denker pflegten offenbar einen freundschaftlichen Briefwechsel, denn wir besitzen einen Brief Patrizis an Telesio, in welchem er eine scharfsinnige Kritik an den philosophischen Prinzipien des anderen übt.[1] Wir können von Patrizi genauso wie von Telesio sagen, daß er eine systematische Erklärung des physischen Universums zu entwickeln versuchte, und zwar auf eine neue und originelle Weise, unabhängig von und im Gegensatz zu der aristotelischen Tradition. Es ist bezeichnend, daß sein Hauptwerk den Titel trägt: *Neue Philosophie des Universums (Nova de universis philosophia,* 1591). Also gibt es gute Gründe, Patrizi zusammen mit Telesio und einer Reihe anderer italienischer und europäischer Denker des 16. Jahrhunderts zu den Naturphilosophen der Renaissance zu rechnen, die sich nicht an die klassischen Traditionen des abendländischen Denkens gebunden fühlten und der neuen Wissenschaft und Philosophie des 17. Jahrhunderts und der Moderne den Weg bereiteten.

Wenn wir aber von den Schriften und Gedankengängen Telesios zu denen Patrizis übergehen, finden wir uns in einer völlig anderen Welt wieder. Nicht nur, daß ihre Ansichten zu Spezialproblemen sich stark voneinander unterscheiden, sondern schon ihre Prämissen, ihre Problemstellung und die Betonung einzelner Teilbereiche des Denkens und Wissens sind voneinander meilenweit entfernt. Die Naturphilosophen bilden, im Gegensatz zu den Humanisten und Aristotelikern und sogar im Gegensatz zu den Platonikern, keine einheitliche Gruppe oder Schule, innerhalb derer ein bestimmtes Spektrum unterschiedlicher Ideen und Interessen möglich gewesen wäre, die aber immer durch eine gemeinsame institutionelle oder inhaltliche Tradition zusammengehalten worden wären. Das Fehlen einer solchen Tradition und die Suche nach neuen Ansätzen und Lösungen führte zu einer viel größeren Vielfalt und Diskontinuität von Ideen und Systemen unter den

Naturphilosophen, als wir bei den Vertretern der anderen Richtungen angetroffen haben, trotz einer weitgehenden Affinität, die wir in ihren Themen, Absichten, vielleicht sogar im Stil ihres Denkens entdecken können.

Aus anderer Sicht ist diese Unterschiedlichkeit der Naturphilosophen untereinander von dem Stellenwert abhängig, den die Philosophie innerhalb des gesamten intellektuellen Bereiches einnimmt. Die Philosophie ist zweifellos ihrem Anspruch und ihrer Zielsetzung nach zusammenfassend und universal, aber ihre Verbindung mit anderen Wissenszweigen und die jeweilige Bedeutung, die sie ihnen zumißt, variieren sehr stark unter den verschiedenen Schulen und Epochen. Es bedeutet einen erheblichen Unterschied, ob sich ein Philosoph vor allem mit Religion und Theologie befaßt oder mit den Naturwissenschaften oder der Kunst und Literatur oder der Geschichtswissenschaft und sogar, ob sich das Interesse für exakte Wissenschaften vorwiegend auf die Mathematik, auf die Physik oder auf die Biologie bezieht. Das Befassen mit diesen außerphilosophischen Bereichen des Denkens wird im Falle jedes einzelnen Philosophen nicht nur seine generelle Ausrichtung bestimmen, sondern auch die relative Bedeutung, die er in seinem System den einzelnen philosophischen Disziplinen beimißt.

Wir haben gesehen, daß die Humanisten auf die Literatur und die klassischen Studien hin ausgerichtet waren und unter den philosophischen Disziplinen vorwiegend, wenn nicht ausschließlich das Gebiet der Ethik pflegten. Die Aristoteliker interessierten sich vor allem für Physik, Biologie und Medizin, und daher konzentrierten sie sich auf die Naturphilosophie, die immer noch als Teil der Philosophie betrachtet wurde und nicht als Einzelwissenschaft. Unsere Naturphilosophen beschränken sich, ihrem Namen zum Trotz, in ihren Interessen nicht auf die Naturphilosophie der Aristoteliker oder auf das, was zur Physik der Moderne werden sollte, obwohl sie sich teilweise mit analogen Problemen auseinandersetzen und historisch auf halbem Wege zwischen diesen beiden Traditionen stehen. Sie unterscheiden sich untereinander sogar in ihrer allgemeinen geistigen Orientierung. Telesio war vor allem ein Erforscher der physikalischen und biologischen Wissenschaften, denen seine die Ethik und Erkenntnistheorie betreffenden Theorien untergeordnet zu sein scheinen, und in diesem weitesten Sinne gehört er der aristotelischen Tradition an, in der er aufwuchs und von der er seine Fragestellungen und Thematik übernahm, obwohl er die meisten spezifischen Lösungen und Theorien, die sie bot, zurückweisen und kritisieren sollte. Patrizi dagegen teilt nicht dieses vorwiegende Interesse an Physik, Biologie und Medizin oder die entsprechende, wenn auch negative, Anlehnung an die aristotelische Tradition. Seine außerphilosophischen Interessen gelten auf der einen Seite der Literatur und den klassischen Studien, auf der anderen Seite der Mathematik. Diese verschiedenen

Interessen und ihre ziemlich ungewöhnliche Kombination erklären weitgehend seine andersartige geschichtliche Zugehörigkeit, die ihn eher in die Nähe der Humanisten und Platoniker als der Aristoteliker bringt, und den andersartigen Stil und die andere Akzentsetzung seines Systems, auch dort, wo er versucht, naturphilosophische Probleme zu lösen. Fracastoro war Humanist und Arzt, Cardano Arzt und Mathematiker, Paracelsus Arzt und Alchemist, Bruno ein Literat, Naturphilosoph und Metaphysiker (aber kaum ein Mathematiker) und Campanella, unter vielem anderen, Theologe und Theoretiker der Politik.

Mit anderen Worten, die Naturphilosophen der Renaissance unterscheiden sich untereinander nicht nur durch ihre Ansichten, sondern auch durch die Struktur und Ausrichtung ihres Denkens in weit größerem Ausmaß, als dies gewöhnlich innerhalb einer Schule oder Gruppe von Philosophen der Fall ist. Endlich stellen sie auch neben den Humanisten, Aristotelikern und sogar den Platonikern der Renaissance eine verhältnismäßig kleine Gruppe mehr oder weniger isolierter Gestalten dar. Keiner von ihnen, nicht einmal Telesio, hatte eine große Zahl Anhänger. Die hervorragende Stellung, die sie im Renaissancedenken einnehmen, hängt nicht mit ihrer Anzahl oder der Anzahl ihrer Schüler zusammen, sondern mit Gehalt und Qualität ihres Werkes, dem Einfluß, den sie auf späteres Denken hatten und ihrer historischen Stellung als Herolde, wenn auch nicht als Vorläufer im engeren Wortsinn, der frühen modernen Naturwissenschaft und Philosophie.

Francesco Patrizi wurde 1529 in Cherso in Istrien, nahe Triest, geboren. Er studierte in Ingolstadt und zwischen 1547 und 1554 in Padua wahrscheinlich Philosophie und Humaniora. Für die Jahre nach 1550 sind aus seinem Leben wenig Einzelheiten überliefert. Er diente bei mehreren venezianischen Edelleuten als Sekretär und Verwalter und muß viele Jahre in Venedig verbracht haben, wo eine Reihe seiner Werke zwischen 1553 und 1572 veröffentlicht wurde. Seine Amtspflichten führten ihn wiederholt nach Zypern und vielleicht auch in andere Teile der griechischsprechenden Welt, und er muß die Beherrschung der griechischen Sprache, die ihn in seinen späteren Jahren auszeichnete, in dieser Periode erworben haben. Später, vermutlich in den 70er Jahren des 16. Jahrhunderts, verbrachte er einige Zeit in Spanien, wo er viele seiner griechischen Manuskripte an König Philipp II. verkaufte. Nach seiner Rückkehr aus Spanien lebte er eine Zeitlang in Modena und Ferrara. 1578 machte ihn Herzog Alfons II. zum Professor der platonischen Philosophie an der Universität von Ferrara, eine Stellung, die auf seinen Antrag hin eigens für ihn geschaffen wurde. Er hatte diesen Lehrstuhl viele Jahre inne und las über Platons *Staat* und platonische Philosophie im Allgemeinen. 1592 wurde er von Papst Clemens VIII. an die Universität Rom berufen, wieder als Professor für platonische Philosophie; dort las er vor allem über den *Timäus.* In den folgenden

Jahren plante er eine Wiederveröffentlichung seines Hauptwerkes und verteidigte seine Theorien vor der Kongregation für den Index, die auf einer Reihe von Änderungen bestand und am Ende das Werk verurteilte. Er starb 1597, bevor er sein Ziel, die Billigung einer neuen Fassung, erreicht hatte.

Patrizis zahlreiche veröffentlichte Schriften offenbaren ein weites Spektrum von Interessen. Er schrieb eine Dichtung in italienischer Sprache, Anmerkungen zu den Gedichten von Luca Contile und gab Girolamo Ruscellis Buch über die Embleme („imprese") heraus. Eine anonyme italienische Übersetzung einer Märchensammlung, die ursprünglich in Indien entstanden, aber aus dem Griechischen übersetzt worden war, muß vermutlich ihm zugewiesen werden.[2] Er hielt eine Vorlesung über ein Sonett Petrarcas und wurde in die literarischen Kontroversen seiner Zeit verwickelt, indem er ein Pamphlet zugunsten Ariosts verfaßte und auf die gegen ihn gerichtete Kritik Torquato Tassos und Jacopo Mazzonis antwortete.[3] Diese Schriften und sein italienischer Dialog über die Ehre tragen den geistigen Interessen der literarischen Akademien der Zeit Rechnung, ebenso das erst vor etwa 20 Jahren veröffentlichte Dialogfragment über die Philosophie der Liebe, das viel weniger „platonisch" ist, als man vielleicht erwartet hätte.[4] Darüber hinaus verfaßte er in italienischer Sprache zwei historische Schriften über die Kriegstechnik der Römer.

Patrizis Traktate zur Poetik, Rhetorik und Geschichtstheorie gehören offensichtlich zusammen, denn diese drei Themenkreise waren in der theoretischen Literatur des 16. Jahrhunderts und schon vorher durch das Programm der „studia humanitatis" miteinander verbunden, obwohl die Humanisten nicht viele Einzeltraktate über diese Gegenstände, außer der Rhetorik, verfaßt hatten. Patrizis „Geschichtstheorie" (*Della historia*, 1560) ist interessant als ein Beitrag zu einem damals noch ziemlich neuen Genre, das als erster Anfang der späteren Literatur zur Methodologie und Philosophie der Geschichte betrachtet werden kann.[5] Der berühmteste und einflußreichste Autor, der im 16. Jahrhundert zu diesem Thema schreiben sollte, war Jean Bodin, dessen Traktat einige Jahre nach Patrizis veröffentlicht wurde (1566). Überaus bedeutend ist Patrizis Poetik, von welcher er nur zwei Teile veröffentlichte (*Della poetica*, 1586), während fünf weitere Manuskript blieben. Dieses Werk, das in Dialogform geschrieben ist, nimmt eine Sonderstellung in der umfangreichen Literatur zu diesem Thema ein, die im Italien des 16. Jahrhunderts produziert wurde.[6] Denn Patrizi überträgt seine antiaristotelische Tendenz auf ein Gebiet, das bereits seit mehreren Jahrzehnten von der aristotelischen Poetik beherrscht wurde und tatsächlich auch im 17. und 18. Jahrhundert weiterhin von ihr beherrscht werden sollte, ganz zu schweigen von dem Versuch einer Wiederbelebung in unserer Zeit (welche oft als die kritische Schule von Chicago bezeichnet wird). Patrizis Ziel war es, Aristoteles zu entthronen und eine andere Poetik zusammenzustellen, welche teilweise eigenständig und teilweise auf Platon gegründet war, ein Versuch, der noch nicht ausreichend untersucht worden ist.

Bisher haben wir von den italienischen Werken Patrizis nur die erwähnt, die seine literarischen Interessen und Beziehungen widerspiegeln. Hinzufügen können wir eine Reihe von Briefen, von denen nur ein Teil veröffentlicht worden ist. Seine Arbeit als humanistischer Gelehrter wird in erster Linie durch seine Übersetzungen aus dem Griechischen veranschaulicht. Die Wahl der von ihm übersetzten Autoren ist bezeichnend, denn sie spiegelt einerseits sein polemisches Interesse an Aristoteles, andererseits seine Vorliebe für die platonische, neuplatonische und sogar pseudo-platonische Tradition wider. Er übersetzte Philoponus' Kommentar zur aristotelischen *Metaphysik* (1583)[7], Proklos' *Theologische* und *Physikalische Elemente* (1583), die Hermes Trismegistus zugeschriebenen Traktate und die *Chaldäischen Orakel*, die Zoroaster zugeschrieben werden (1591). Es gibt von ihm einen unveröffentlichten Traktat zur pythagoräischen Zahlenlehre[8] und mehrere Autographen mit Exzerpten aus griechischen Schriftstellern.[9] Außerdem gab er in lateinischer Sprache die sog. „Aristotelische Theologie" (1591) heraus, ein apokryphes arabisches Werk, das auf Plotin basiert,[10] und versuchte sie als Zeugnis gegen die bekannten Werke des Aristoteles zu benutzen, um zu beweisen, daß Aristoteles einer Reihe platonischer Lehren zustimmte. Darüber hinaus versuchte Patrizi, eine neue Abfolge der platonischen Dialoge festzustellen, und eines seiner umfangreicheren Werke, die *Discussiones peripateticae* (1571, erweitert 1581) verbindet eine Menge wissenschaftlicher Forschungsarbeit, insbesondere eine erste Sammlung von Fragmenten des Aristoteles, mit einer philosophischen Kritik an Aristoteles. In diesem Werk bringt er eine detaillierte Aufzählung aller Punkte, in denen Platon und Aristoteles miteinander übereinstimmen und nicht übereinstimmen, und versucht zu zeigen, daß Platon in allen Fällen recht hat. An anderer Stelle versucht er zu beweisen, daß Platon in vielem mit der katholischen Lehre übereinstimmt, während Aristoteles sowohl mit Platon als auch mit der Kirche in Konflikt gerät.[11] Indem er die *Aristotelische Theologie* für ein authentisches Werk hielt, bewies Patrizi kein sicheres Urteil, aber mit seiner Sammlung von Aristotelesfragmenten wurde er zum Vorläufer der modernen Aristotelesforschung, und an diesen Bemühungen kann man sehen, daß wenigstens in einigen Fällen Abneigung ebenso ein Ansporn zu wissenschaftlichen Leistungen sein kann, wie es Verehrung und Begeisterung in der Regel sind.

Patrizis mathematische Interessen vertreten ein Traktat über die Geometrie (*Della nuova geometria*, 1587) und ein weiterer zum Thema des mathematischen und physikalischen Raumes (*De rerum natura libri II*, 1587), welche später beide, offensichtlich in revidierter Form, in sein Hauptwerk, die *Nova de universis philosophia*, eingegliedert wurden, welche in Ferrara 1591 und noch einmal 1593 in Venedig erschien. Unveröffentlicht sind einige handschriftliche Fassungen desselben Werkes und ebenso die Verteidigungsschrift zur *Nova Philosophia*, die er nach 1593 der Kongregation für den Index vorlegte.[12]

Nachdem wir so viel über Patrizis Rolle als Naturphilosoph und seine beanspruchte oder wirkliche Originalität gesprochen haben, müssen wir auch seine Beziehungen zur platonischen Tradition gebührend würdigen. Diese beiden Seiten seines Werkes sind keineswegs unvereinbar. Denn während er ein neues System des Universums aufzubauen suchte, benutzte er gleichzeitig seine Lieblingsquellen und war in der Anerkennung seiner Verpflichtungen diesen Quellen gegenüber vermutlich aufrichtiger als mancher seiner philosophischen Kollegen zu seiner und zu anderer Zeit. Patrizis platonische Orientierung wird schon aus den Titeln einiger seiner Schriften ersichtlich und bei vielen weiteren aus dem Inhalt. Platonisch ist die Tendenz seiner *Poetik* und seiner *Peripatetischen Diskussionen*. Eine seiner frühesten Schriften (1553), die von den verschiedenen Arten poetischen Wahnsinns handelt, basiert auf einem platonischen Thema, und sein Traktat über die Philosophie der Liebe gehört, wenngleich nicht besonders „platonisch" seinem Inhalt nach, zu einer literarischen Tradition, die auf Ficino zurückgeht und im 16. Jahrhundert eng mit der platonischen Tradition verbunden war. Sein Interesse für die Zoroaster, Hermes und Pythagoras zugeschriebenen Werke spiegelt ebenfalls eine Tendenz des Renaissanceplatonismus wider und geht auf Ficino zurück, und über Ficino auf Proklos, den Patrizi übersetzt hatte. Gegen Aristoteles argumentiert Patrizi im Namen Platons und des Platonismus und zieht die apokryphe *Theologie* dessen authentischen Werken vor. Wir erfahren auch aus Patrizis Briefen, daß er in früher Jugend begann, sich für den Platonismus zu interessieren, als er den Vortrag eines Franziskaners über die platonische Philosophie hörte und auf den Rat dieses Klosterbruders hin Ficinos *Platonische Theologie* las.[13]

Aus Patrizis Einleitungen erfahren wir, daß er im Namen der katholischen Religion dafür eintrat, daß an den Universitäten Platons Philosophie statt der des Aristoteles gelehrt werden solle, und es war auf sein eigenes Ersuchen und seine Initiative hin, daß er in fortgeschrittenen Jahren erst in Ferrara und dann in Rom einen Lehrstuhl für platonische Philosophie erhielt. Dies war ein seltener, wenn nicht einzigartiger Fall, in dem es dem Renaissanceplatonismus gelang, in den Philosophieunterricht an den Universitäten einzudringen. Patrizi erreichte sein Ziel nur zum Teil, denn wir wissen mit Gewißheit, daß Aristoteles neben Platon von vielen anderen Professoren weitergelehrt wurde, in Ferrara und anderswo.

Mit seinem Versuch, einen genauen Vergleich zwischen Aristoteles und Platon anzustellen, folgte Patrizi einer platonischen Tradition, die im Altertum von Antiochus von Askalon und Cicero zu Ammonius Saccas und Boethius verfolgt werden kann und die wir in der Renaissance nicht nur bei Pico, sondern auch bei Patrizis Zeitgenossen Francesco Verino il Secondo und Jacopo Mazzoni wiederfinden. Aber während diese Vorläufer dazu neigten, Platon und Aristoteles zu harmonisieren, benutzt Patrizi den Vergleich für eine Attacke auf Aristoteles, und dieser Anti-Aristotelismus, der sich nicht nur gegen die Schule, sondern gegen den Lehrer selber richtet, unterscheidet Patrizi von den meisten anderen Platonikern der Antike und der Renaissance, Ficino mit eingeschlossen.

Es scheint darüber hinaus noch einen weiteren deutlichen Aspekt in Patrizis Platonismus und Anti-Aristotelismus zu geben. Platons Philosophie weist dem mathematischen Wissen und seinen Gegenständen einen sehr hohen Rang und eine große Bedeutung zu, und obwohl nicht alle platonischen Philosophen gerade diese Seite in Platons Denken hervorhoben, ist dies der Grund, warum Platon immer eine große Anziehungskraft auf Mathematiker hatte. Bei einem Vergleich zwischen den Philosophien Platons und Aristoteles, wie er von mehreren Denkern des 16. Jahrhunderts versucht wurde, muß es sich deutlich zeigen, daß die Mathematik im Vergleich zur Physik bei Platon einen höheren Rang hat als bei Aristoteles. Es war genau dies ein ausschlaggebender Faktor für Galileis Platonverehrung, und wir werden sehen, daß das Problem für Patrizi von einiger Bedeutung war. Ob der Versuch, die qualitative Physik des Aristoteles durch eine quantitative, d.h. mathematische Physik zu ersetzen, wirklich schon jemals vor Galilei unternommen worden war und ob in diesem Zusammenhang Platons Autorität eingesetzt worden war, ist nicht allzu sicher und müßte weiter untersucht werden.[14]

Hinzufügen können wir, daß Patrizi bei seinem Bestreben, die Harmonie zwischen der platonischen Philosophie und der katholischen Theologie hervorzuheben, wiederum eine ähnliche Linie verfolgte wie Ficino und andere Renaissanceplatoniker. Wenn wir uns nun Patrizis philosophischem Hauptwerk zuwenden, werden wir sehen, daß einige seiner charakteristischen Züge den Einfluß Platons und seiner antiken und Renaissancenachfolger offenbaren, aber daß das System insgesamt trotzdem Originalität und eigenständige Bedeutung aufweist.

Patrizis *Nova de universis philosophia* wurde zu seinen Lebzeiten zweimal veröffentlicht, 1591 und 1593. Voraus gingen einige andere Veröffentlichungen, die in der Folge dem größeren Werk eingegliedert wurden; einige Entwürfe und Fragmente sind im Manuskript erhalten geblieben.[15] Patrizi hatte vor, sein Werk zu revidieren, nachdem es von kirchlichen Zensoren einer Kritik unterzogen worden war; wenigstens ein Teil der Polemik und Patrizis beide Schriften zur Verteidigung des Werkes sind im Manuskript erhalten geblieben, untersucht und z.T. veröffentlicht worden. Aber ein detaillierter Vergleich zwischen den früheren Schriften, den Manuskripten und den Ausgaben von 1591 und 1593 ist noch nicht gemacht worden, und eine kritische Ausgabe, die die textliche und philosophische Entwicklung des Werkes veranschaulichen würde, wäre äußerst wünschenswert. Ich erwähne dies, da das Werk, wie es in den beiden gedruckten Ausgaben vorliegt, eine Reihe von Lücken, Überschneidungen und Inkonsistenzen aufweist, auf die eine Untersuchung seiner Textgeschichte wohl ein klareres Licht werfen könnte.[16]

Die *Nova de universis philosophia* ist in vier Hauptteile gegliedert, denen Patrizi ähnlich klingende griechische Titel gab und die anscheinend als einzelne Werke verfaßt worden waren, bevor er beschloß, sie zu einem einzigen Buch zu verbinden. Der erste Teil trägt den Titel *Panaugia,* was man annähernd mit „Allglanz" übersetzen kann; er scheint das ungebräuchliche Wort aus einem Abschnitt aus dem Werk Philos von Alexandrien[17] geborgt zu haben. Dieser Teil ist in zehn Bücher gegliedert und behandelt die physischen und metaphysischen Eigenschaften des Lichtes. Diese zwiefache Behandlung des Themas Licht führt zu einer seltsamen Kombination optischer Beobachtungen und metaphysischer Spekulationen und ist für Patrizi durch das Prinzip gerechtfertigt, daß das Licht eine Zwischenstellung zwischen göttlichen, unkörperlichen Dingen und körperlichen Objekten einnimmt. Einem genügend eingeführten früheren Gebrauch im Lateinischen folgend, unterscheidet er zwischen „lux" und „lumen". Ersteres ist das Licht, wie es in seiner Quelle angetroffen wird, während das letztere das Licht bezeichnet, wie es ausgegossen außerhalb seiner Quelle angetroffen wird (Buch I). Diese zwei Aspekte des Lichts sind miteinander durch die Strahlen verbunden, die von der Quelle ausgehen und sich in die umgebende Welt ausbreiten (Buch III–IV). Für die physische Welt hat das Licht besondere Bedeutung als Quelle der Bewegung und des Lebens.

Nach der Besprechung der unterschiedlichen Natur leuchtender, durchsichtiger und dunkler Körper (Buch II und V) und nach Erwähnung solcher Phänomene wie Reflexion und Brechung des Lichtes und der Natur der Farben steigt er vom himmlischen zum überhimmlischen Licht empor (Buch VIII). Er behauptet, daß außerhalb des sichtbaren Universums, das endlich und in dem das himmlische Licht mit Dunkelheit vermischt ist, es einen unendlichen Raum, angefüllt mit reinem Licht, gebe, und dieses bezeichnet er als Empyreum. Dieses Licht außerhalb der himmlischen Welt ist noch körperlich, aber es hat seine Quelle in dem unkörperlichen Licht, welches zu den unkörperlichen und göttlichen Dingen gehört, d.h. zu den Seelen, Intellekten, Engeln und Gott (Buch IX). Die letzte Quelle dieses unkörperlichen Lichtes ist Gott selber („lux prima"), und von ihm geht das ausgegossene Licht („lumen") aus, welches zuerst in seinem Sohn, und dann in allen unkörperlichen Kreaturen angetroffen wird (Buch X). Gott ist auch die letzte Quelle des sekundären Lichtes, das in der physischen Welt vorgefunden wird. Von diesem Licht wird gesagt, es sei unendlich und könne in seiner Quelle als unkörperlich gelten, während es im Zustand der Ausstrahlung betrachtet, sowohl körperlich als auch unkörperlich sei und so zwischen Gott und Körperwelt vermittle.

Die Mischung physikalischer Wissenschaft mit metaphysischer und theologischer Spekulation, wie sie sich in diesem Abschnitt darbietet, ist für einen modernen Leser sicherlich seltsam, und alles, was wir zu ihrer Verteidigung sagen können, ist, daß Patrizi zu einer Zeit lebte und schrieb, als die Emanzipation der Physik von der Philosophie noch nicht vollzogen und eine ähnliche Mischung in den Werken viel bedeutenderer Wissenschaftler, z.B. Keplers, vorzufinden war. Was Patrizi anbelangt, so ist das Licht eines seiner physischen Grundprinzipien, wie wir in der Folge sehen werden, und seine vorrangige und monographische Behandlung des Lichtes im ersten Teil des Werkes ist in diesem Sinne zu verstehen. Da die anderen physischen Prinzipien, die er ansetzt, keine solche ausführliche und separate Behandlung erfahren, ist es wahrscheinlich, daß dieser Teil eine frühere Phase seines Denkens wiedergibt und zu einer Zeit abgefaßt wurde, als seine Ansichten zu den anderen Prinzipien noch nicht voll entwickelt waren. Wenn wir die anderen Teile seines Werkes besprechen und seine Gesamtkomposition betrachten, werden wir sehen, daß er die unkörperliche und die physische Welt in verschiedenen Teilen behandelt. Daher mag er der Ansicht gewesen sein, daß der Traktat über das Licht an den Anfang des Gesamtwerkes gestellt werden müsse, und zwar genau aus dem Grund, daß er das Licht als zu beiden Grundarten der Wirklichkeit gehörig versteht.

Vielleicht wird man Patrizis Theorie des Lichtes auch dann besser verstehen, wenn man sie vor dem Hintergrund einer langen früheren Tradition betrachtet, die ihm wenigstens in einigen ihrer Phasen vertraut war. In Platons *Staat* wird die Sonne als Bild der Idee des Guten bezeichnet, und diese Analogie führt Platon sehr detailliert aus.[18] Bei Plotin wurden das Licht und seine Emanation zur Grundmetapher für die Ausbreitung des Guten und des Seins von ihren Quellen her, und ausgehend von Plotin fand die Metapher ihren Weg in den späteren Neuplatonismus und über den hl. Augustinus und den Areopagiten in das christliche Denken. Die Metapher verwandelte sich leicht in ein Symbol und sogar in eine buchstäblich zu verstehende ontologische Beziehung, und von diesem Ausgangspunkt entwickelte sich die mittelalterliche Tradition der Lichtmetaphysik, zu der auch Grosseteste gehörte und die nicht nur zur Entwicklung der Metaphysik, sondern auch der Optik ihren Beitrag leistete.[19] Marsilio Ficino bot eine symbolische und ontologische Interpretation der Lichtmetapher an, die er in seinen neuplatonischen Quellen fand, und verfaßte sogar einen eigenen Traktat über das Licht, in dem er sowohl das körperliche wie das unkörperliche Licht und ihr Verhältnis zueinander besprach.[20] Wieder einmal können wir Patrizis große Nähe zur platonischen Tradition erkennen. Hinzuzufügen wäre noch, daß diese Lichtspekulation anscheinend im 17. Jahrhundert von einem seiner Nachfolger in Ferrara, Tommaso Giannini, fortgesetzt wurde.[21]

Der zweite Teil des Werkes Patrizis heißt *Panarchia*, ein Titel, der nach dem Muster von *Hierarchia* gebildet zu sein scheint und mit „die Reihe aller Prinzipien" übersetzt werden könnte. Dieser Teil besteht aus 22 Büchern und handelt von der Seinshierarchie auf eine Weise, die man annähernd als neuplatonisch bezeichnen kann. Patrizis überwiegendes Schema ist folgendes: Das Eine (auch das all-eine, „unomnia" genannt, und mit Gott gleichgesetzt), Einheit, Essenz, Leben, Intelligenz, Seele, Natur, Qualität, Form und Körper (Buch XI). Dieses Schema offenbart den Einfluß mehrerer bekannter Quellen, aber in einigen Details und in seiner Gesamtheit ist es eigenständig. Die Folge Eines, Intelligenz, Seele, Natur und Körper ist Plotinisch. Die Trennung der Einheit von dem Einen und der Essenz und des Lebens von der Intelligenz geht auf Proklos zurück. Das Einschieben der Qualität stammt von Ficino.[22] Die Einführung der Form als gesonderte Seinsstufe scheint eine Innovation zu sein und kann vielleicht mit Patrizis Beschäftigung mit der Geometrie und der Sorge um ihren Status erklärt werden. Leider können wir nichts genaueres dazu sagen, denn der untere Teil der Hierarchie ist in Patrizis Werk bloß flüchtig angedeutet, und nur die höheren Stufen des Seins sind eigentliches Thema des zweiten Teils.

Das neuplatonische Schema wird dann unter Zuhilfenahme einiger theologischer Begriffe weiterentwickelt. Patrizi behandelt ausführlich die Attribute Gottes oder des Ein-Allen. Im Gegensatz zu Plotin glaubt Patrizi, daß alle Dinge in Gott ebenso seien wie von Ihm. Gott hat eine interne Hervorbringung, nämlich die Einheit, die Vielheit miteinschließt und mit der Ordnung der Ideen und ebenso mit der zweiten Person der Trinität identifiziert wird. Gottes äußere Hervorbringung ist das Universum, das reine Geister, Seelen und Körper umfaßt. Von den Ideen und Personen der Trinität wird gesagt, daß sie von Gott emanierten und dabei in Ihm blieben, während das Universum von Gott geschaffen ist (Buch XXII). Aus diesem Umriß wird klar, daß Patrizi versucht, neuplatonische und christliche Elemente zu verbinden, und daß dabei einige Inkonsistenzen und nicht voll entwikkelte Details stehen bleiben, die wir hier nicht weiter besprechen können.

Der dritte Teil von Patrizis Werk besteht aus nur fünf Büchern und ist überschrieben *Pampsychia*, d.h. Theorie der Allseele. Auf gut neuplatonische Art behandelt Patrizi die Seele als Vermittlung zwischen der geistigen und der körperlichen Welt. Wie diese Vermittlerrolle der Seele sich zu der ähnlichen Funktion verhält, die im ersten Teil dem Licht zugewiesen wird, erklärt er uns nirgends. Er übernimmt von Lukrez die Unterscheidung zwischen „animus" (Geist) und „anima" (Lebensprinzip)[23] und diskutiert ausführlich die Weltseele, die er als das das gesamte körperliche Universum durchdringende belebende Prinzip ansieht (Buch IV). Diese Ansicht, die die Neuplatoniker von den Stoikern übernommen hatten, war von den mittelalterlichen Denkern mit Vorbehalt behandelt worden, ohne jemals deutlich verurteilt worden zu sein. Sie wurde von Ficino wieder eingeführt und erfreute sich unter den meisten Naturphilosophen des 16. Jahrhunderts großer Beliebtheit. Patrizi behandelt die individuellen Seelen nicht als Teile der Weltseele, sondern glaubt vielmehr, daß sie zu ihren Körpern in einem analogen Verhältnis stehen wie die Weltseele zum Universum als ganzem. Hierin stellt er sich auf Plotins Standpunkt, der die Stoiker kritisiert hatte, weil sie die individuellen Seelen zu Teilen der Weltseele gemacht und sie so ihrer Eigenständigkeit und des freien Willens beraubt hätten.[24]

Der vierte und letzte Teil des Werkes Patrizis ist der bei weitem interessanteste und originellste. Er besteht aus 32 Büchern und handelt über die physische Welt, wie der Titel *Pancosmia* (Theorie der All-Ordnung) anzeigt. Patrizi führt vier Grundprinzipien der physischen Welt ein, welche offensichtlich den Platz der vier aristotelischen Elemente einnehmen sollen: Raum, Licht, Wärme und Feuchtigkeit.

Patrizi bespricht nacheinander diese vier Prinzipien. Der Raum ist für ihn das erste Prinzip aller körperlichen Dinge. Er besteht aus einem endlichen Raum, der sich im Zentrum, der von der körperlichen Welt eingenommenen Stellung, befindet und daher weltlicher Raum genannt wird, und einem unendlichen äußeren Raum, welcher leer ist und den ersteren von allen Seiten umgibt. Der Raum ist vor allen Körpern und sogar vor dem Licht und wird als ein leerer Behälter betrachtet (Buch I–III). In dieser Annahme folgt Patrizi offensichtlich Telesio, aber er unterscheidet sich in verschiedener Hinsicht von ihm. Er stellt nicht wie Telesio die Zeit auf dieselbe Stufe wie den Raum, sondern sieht sie für abhängig sowohl von Körpern als auch von Bewegung an[25] und kehrt somit in diesem Punkt zur aristotelischen Auffassung zurück. Andererseits benutzt er den Begriff des Raumes für die Theorie der Geometrie, und zwar auf eine Art, die Kant vorwegzunehmen scheint. Denn er unterscheidet zwischen mathematischem und physischem Raum: der mathematische Raum ist rein und enthält keine Körper, und sein Minimum ist der reine Punkt; dagegen ist der physische Raum vom reinen Raum abgeleitet und enthält Körper (Buch I–III). Körper sind nach Patrizi mehr als dreidimensionale Formen, da sie zusätzlich Widerstand enthalten. Dieser zusätzliche Faktor Widerstand scheint eine Lehre wiederzugeben, die von einigen antiken Quellen Epikur zugeschrieben wird, welcher auf diese Weise die ältere Ansicht Demokrits umgewandelt habe.[26] Auf ähnliche Weise sollte Leibniz das rein geometrische Verständnis der körperlichen Natur bei Descartes durch Hinzufügen des Begriffes der Kraft ergänzen.

Nachdem er solcherart den Unterschied zwischen mathematischem und physischem Raum definiert hat, fährt Patrizi fort, indem er feststellt, daß die Mathematik und besonders die Geometrie der Physik vorausgeht, wie der reine Raum den physischen Körpern vorausgeht, womit er wieder einmal seine Tendenz zum Platonismus offenbart. Da er allen Körpern vorausgeht, wird der Raum sogar sowohl als Körper als auch als unkörperlich bezeichnet, und daher können die Kategorien, die sich nur auf Körper beziehen (wieder eine plotinische Reminiszenz[27]), nicht von dem Raum ausgesagt werden.

In seiner Behandlung der Zahl kehrt Patrizi abermals zur aristotelischen Position zurück. Das Kontinuum geht für ihn dem Diskretum voraus, und daher geht die Geometrie der Arithmetik voraus (Buch II). Während er den Raum als etwas real an sich Existierendes ansieht, betrachtet er die Zahl als bloßes Denkprodukt. Dieser Primat der Geometrie innerhalb der Mathematik ist deutlich ein griechisches Erbe. Es sollte erst nach Descartes' Erfindung der analytischen Geometrie aufgegeben werden, und nachdem die moderne Mathematik den Begriff der Zahl erweitert und kontinuierlich gemacht hatte.

Das zweite physische Prinzip nach dem Raum ist das Licht, das erste Ding, das den leeren Raum füllt (Buch IV). In diesem Punkt fügt sich die Lehre des ersten Teiles des Werkes Patrizis, der *Panaugia*, in das Schema des letzten, obwohl das Verhältnis beider zueinander nicht völlig klar wird. Patrizi fügt dann zwei weitere physische Prinzipien hinzu: Wärme, die er als vom Licht hergeleitet betrachtet und als ein formales und aktives Prinzip abhandelt (Buch V), und Feuchtigkeit *(fluor)*, die als ein passives und materiales Prinzip gilt (Buch VI). Letztere ist verschiedener Grade der Dichte fähig, und auf sie ist der Widerstand zurückzuführen, der physische Körper im Gegensatz zu reinen geometrischen Formen charakterisiert. Wärme als aktives Prinzip der Körperwelt scheint von Telesio entlehnt zu sein wie die Vorstellung vom leeren Raum (obwohl bei Telesio der Raum nicht ein eigenständiges Prinzip des Universums gewesen war). Die Feuchtigkeit steht bei Patrizi anstelle der Materie des Telesio und Aristoteles, und der Terminus „fluor" sowie die Hervorhebung der verschiedenen Dichtegrade spiegeln offensichtlich Gedankengut der vorsokratischen Philosophen wider, die Patrizi zweifellos aus verschiedenen antiken Quellen kannte.[28]

Die folgenden Kapitel der *Pancosmia* enthalten eine Besprechung der verschiedenen Teile des physischen Universums. Dieses Universum besteht aus drei Hauptbereichen, der empyreischen, ätherischen und der elementaren Welt. Das Empyreon ist mit dem unendlichen Raum identisch, der die Himmelswelt umgibt und mit nichts als Licht angefüllt ist (Buch VIII). Die ätherische Welt umschließt alle Sterne bis hinunter zum Mond. Sie ist in ihrem Umfang begrenzt und kann als das Universum im engeren Sinn des Wortes bezeichnet werden (Buch IX). Für Patrizi bewegen sich die Sterne frei durch den Äther. Er verwirft hiermit die traditionelle Vorstellung von soliden Sphären, die von Kopernikus noch angenommen wurden,[29] und kommt in diesem Punkt der moderneren, von Tycho Brahe vertretenen Ansicht näher. Die Erde bleibt für Patrizi im Mittelpunkt und dreht sich nicht um die Sonne, aber er nimmt die tägliche Rotation der Erde um die eigene Achse an (Buch XXXI). Im Verlauf einer ziemlich ausführlichen Besprechung des Meeres und der Erde diskutiert er eine Reihe meteorologischer und geographischer Fragen, wobei er mehrfach auf seine eigenen Beobachtungen verweist. Dieser Teil enthält viele Einzelheiten, die für die Geschichte der Naturwissenschaften von großem Interesse sind (Buch XXIV – XXXII).

Ich habe versucht, die allgemeine Struktur und den Inhalt von Patrizis philosophischem Hauptwerk so knapp wie möglich darzustellen, und hoffe, daß sowohl seine Stärke als auch seine Schwäche dabei sichtbar geworden sind. Das Werk stellt einen großartigen Versuch der Systembildung dar, offenbart aber zugleich eine ganze Reihe von Lücken und Unstimmigkeiten. Es erweist sich als eine Mischung von Wissenschaft und Spekulation, Orginalität und Abhängigkeit von der platonischen Tradition und anderen Quellen. Dennoch ist Patrizi ein beachtlicher Denker, erstaunlich frei von Okkultismus, gelehrt und scharfsinnig zugleich und ziemlich ungewöhnlich in seiner Verbindung humanistischer und naturwissenschaftlicher Interessen. Es sollte uns nicht überraschen, in seinem Werk eine merkwürdige Verschmelzung der verschiedensten Elemente vorzufinden: des Platonismus mit einer eigenständigen Naturphilosophie, deutlich veralterter Ideen (darunter einige seiner selbständigen) mit noch gültigen, oder Vorahnungen von Ideen, die von berühmten Nachfolgern formuliert werden sollten (darunter einige seiner aus der Tradition geschöpften Ideen). Patrizi ist ein Denker des Übergangs, und das gilt mehr oder weniger für alle Philosophen dieser Epoche.

Es trifft nicht zu, daß die Renaissance eine Periode der Stagnation oder gar des Rückschritts auf dem Gebiet der Naturwissenschaft und Philosophie gewesen sei, wie uns viele Mediävisten glauben machen wollen. Selbst wenn es wahr wäre, könnten wir uns immer noch für eine Epoche interessieren, die zweifellos bedeutende Beiträge zur Geisteswissenschaft, Literatur und Kunst geleistet hat. Denn ich glaube nicht, daß die Leistung der Menschheit ausschließlich an den exakten Wissenschaften gemessen werden sollte, wie es heutzutage verbreiteter Brauch ist.

Aber die Behauptung der Mediävisten entspricht gar nicht den Tatsachen. Das 15. Jahrhundert hat seinen Nachfolgern das gesamte Erbe des Mittelalters übermittelt und fügte ihm die Beiträge der klassischen Antike hinzu, indem es sie erstmals völlig verfügbar machte.[30] Das 16. Jahrhundert war danach imstande, sich die Ergebnisse der antiken Naturwissenschaft in ihrer Gesamtheit anzueignen, und fügte dazu die ersten neuen Ergänzungen, besonders in der Mathematik, Astronomie und Medizin. Aber wenn wir von den Ursprüngen der modernen Wissenschaft sprechen, denken wir vor allem an die mathematische Physik, und diese begann mit Galilei, dessen aktive Jahre die letzten Jahre des 16. Jahrhunderts mit einschließen, der aber, obwohl er in mancher Hinsicht Renaissancetraditionen verpflichtet war, mit dem wichtigsten Teil seiner Arbeit in das 17. Jahrhundert und zu einer neuen Ära gehört. Die moderne Wissenschaft, wie wir sie verstehen, ist kein Produkt der Renaissance, obwohl sie sicher einen Teil ihrer Wurzeln in der Renaissance, besonders im 16. Jahrhundert hat.

Das gleiche kann über die moderne Philosophie gesagt werden. Francis Bacon ist in vielen Hinsichten ein Renaissancedenker, und sein Verhältnis zur modernen Wissenschaft ist noch nicht eindeutig und im Übergang begriffen. Wir können ihn mit gleichem Recht den letzten großen Denker der Renaissance wie einen Propheten und Herold des modernen Denkens nennen. Der wirkliche Begründer der modernen Philosophie ist Descartes, und mit ihm beginnt eine neue Epoche in der Philosophie, weil er die moderne Wissenschaft des Galilei und Kepler als faktische Gegebenheit voraussetzt, an ihrer Weiterentwicklung aktiv beteiligt ist und die Philosophie in ihrer Methode und ihrem Gegenstand auf diese neue Wissenschaft zu gründen versucht. Diese Haltung hat den Verlauf der modernen Philosophie bis zum heutigen Tag bestimmt, wenn nicht völlig beherrscht. In diesem Sinn ist die Renaissancephilosophie, die Naturphilosophen mit eingeschlossen, natürlich nicht modern. Ihre Bedeutung liegt vielmehr in den vielen Arten, auf die sie an das moderne Denken heranführte (wie wir in mehreren Fällen, Patrizi mitgerechnet, beobachten konnten), und in ihren Konzepten als solchen. Ein Denker wie Patrizi verdient viel Aufmerksamkeit sowohl wegen des inneren Wertes seiner eigenständigen Ideen als auch für die Art, auf die er die „philosophia perennis" des Platonismus neu formuliert. Er beweist uns wieder einmal, daß eine Tradition sich nicht allein durch Wiederholung am Leben erhält, sondern durch eine kontinuierliche Umformung ihrer Grundideen. Die alte Überlieferung wird beständig neu gedacht, adaptiert, vervollständigt, um neue Einsichten miteinzugliedern und neue Probleme zu lösen. Das Beispiel Patrizis macht uns deutlich, daß es sehr wohl möglich sein kann, innerhalb einer Tradition zu philosophieren und gleichzeitig originell zu sein.

Kap. 8

BRUNO

Es erscheint aus mehreren Gründen angebracht, dieses letzte Kapitel Bruno zu widmen und unseren Überblick der italienischen Renaissancephilosophie mit seinem Werk abzuschließen. Bruno ist wahrscheinlich unter den von uns besprochenen Denkern der berühmteste, zumindest aber genauso bekannt wie Petrarca und Pico. Mitverursacht ist diese Berühmtheit durch die Tragödie seines Lebens und seines Todes, aber sie ist nichtsdestoweniger voll gerechtfertigt durch seine brillante Begabung als Denker und Schriftsteller. Sein Weltbild ist ausgesprochen modern und hat Wissenschaftler und Philosophen der nachfolgenden Jahrhunderte beeindruckt und beeinflußt. Gleichzeitig gehört aber sein Werk noch ganz der Renaissance an, nicht nur durch Zeit und Stil, sondern auch durch seine Prämissen und Probleme, während jüngere Zeitgenossen oder Nachfolger wie Bacon, Galilei und Descartes nur durch einen, und vielleicht nicht den bedeutendsten Teil ihres Werks zur Renaissance gehören.

Giordano Bruno wurde 1548 in Nola in Süditalien geboren und trat mit 18 Jahren in Neapel in den Dominikanerorden ein. Während des Theologiestudiums befaßte er sich auch ausführlich mit den antiken Philosophen und begann ernsthaft, an einigen Lehren der katholischen Kirche zu zweifeln. Als er 1576 in Rom war, wurden diese Zweifel den Autoritäten seines Ordens bekannt, und eine Anklage wegen Häresie wurde gegen ihn vorbereitet. Bruno entkam, bevor er verhaftet werden konnte, und begann eine lange und abenteuerliche Irrfahrt, die ihn in viele Teile Europas führte. Er ging zuerst nach Noli bei Genua, dann nach Savona, Turin, Venedig und Padua und verdiente anscheinend seinen Lebensunterhalt durch Privatunterricht, wie er es auch bis zu seiner Festnahme in den späteren Jahren seines Lebens meistens tat. Von Padua ging er nach Lyon und dann nach Genf, wo er zum Calvinismus konvertierte und viele führende Köpfe des reformierten Glaubens kennenlernte. Aber schon bald wandte er sich gegen den Calvinismus und ging nach Toulouse, wo er in Theologie promovierte und zwei Jahre lang Vorlesungen über Aristoteles hielt. Dann ging er nach Paris, wo er die Gunst Heinrichs III. erwarb, eine Art Dozentur erhielt und 1582 seine ersten Schriften veröffentlichte. Danach begleitete er den französischen Gesandten Michel de Castelnaud, Marquis de Mauvissière, nach England und verbrachte die Zeit von 1583 bis 1585 in London. Außerdem hielt er in Oxford eine Disputation und mehrere Vorträge und stieß dabei die Professoren sowohl durch seine Art des Auftretens als auch durch seine polemischen Angriffe vor den Kopf. Trotzdem hatte er freundschaftliche Beziehungen zu Sir Philip Sidney und anderen gebildeten Engländern, und sein Englandaufenthalt ist von besonderer Bedeutung, weil er in London einige seiner berühmtesten Schriften in italienischer Sprache veröffentlichte.

Er kehrte mit seinem Gönner nach Paris zurück und hielt 1586 in einem der Collegien der Universität eine heftige Disputation gegen Aristoteles, die einen solchen Skandal verursachte, daß er sich entschloß, Paris zu verlassen. Er ging nach Marburg, dann nach Wittenberg, wo er zwei Jahre lang an der Universität Vorlesungen über die aristotelische Logik hielt, wurde Lutheraner und pries Luther in seiner Abschiedsrede. Dann fuhr er weiter nach Prag und nach Helmstedt, wo er wieder an der Universität Vorlesungen hielt, und 1590 kam er nach Frankfurt. Dieser Aufenthalt war wieder von großer Bedeutung, weil er in Frankfurt, damals wie heute ein Zentrum des internationalen Buchhandels, seine lateinischen Lehrdichtungen herausbrachte (1591), nach seinen italienischen Dialogen die bedeutendsten seiner veröffentlichten Werke.

In Frankfurt erhielt er eine Einladung von Giovanni Mocenigo, einem venezianischen Edelmann. Er nahm sie an. Nach einem kurzen Aufenthalt in Padua lebte Bruno als Gast und Privatlehrer in Mocenigos Haushalt in Venedig. Bald darauf denunzierte ihn Mocenigo bei der Inquisition und ließ ihn 1592 festnehmen. Bruno versuchte abzuschwören, wurde aber 1593 nach Rom gebracht, gefangengesetzt, und gegen ihn wurde ein Prozeß angestrengt, der sich über viele Jahre hinzog. Nach anfänglichem Zaudern lehnte er es entschieden ab, seine philosophischen Ansichten zu widerrufen. Endlich wurde er im Februar 1600 zum Tode verurteilt und auf dem Campo di Fiori lebendig verbrannt. An dieser Stelle wurde ihm im vorigen Jahrhundert ein Denkmal errichtet.

Brunos schrecklicher Tod hat Zeitgenossen und Nachwelt zu Recht entsetzt. Sein festes Auftreten während des Prozesses verdient unseren größten Respekt und wiegt weitgehend seine nur allzu offensichtlichen menschlichen Schwächen auf. Die Vorstellung, daß ein Mensch wegen seiner Ansichten, die von religiösen oder politischen Machthabern für falsch gehalten werden, bestraft und hingerichtet wird, ist für jeden denkenden Menschen, der menschliche Würde und Freiheit ernst nimmt, unerträglich, obgleich die beklagenswerte Behandlung, die Bruno widerfuhr, und die falsche Vorstellung, die ihr zugrunde liegt, keineswegs nur für Brunos Kirche und sein Jahrhundert bezeichnend sind, wie einige Historiker uns glauben machen wollen. Sein Tod machte Bruno zu einem Märtyrer, nicht so sehr, wie lange geglaubt wurde, einem Märtyrer der modernen Wissenschaft, sondern seiner eigenen Überzeugung und der philosophischen Freiheit. Die Akten seines Prozesses sind nicht vollständig erhalten, aber mehrere einschlägige Dokumente sind veröffentlicht worden, und einige überaus wichtige sind erst um die Mitte des 20. Jahrhunderts ans Licht gekommen; durch sie sind Art und Inhalt der Anklagen gegen Bruno viel deutlicher geworden als zuvor. Es steht nun eindeutig fest, daß Brunos Annahme des kopernikanischen Systems nur einer aus einer sehr großen Anzahl von Anklagepunkten war, neben einer langen Liste philosophischer und theologischer Meinungen und vielen Fällen angeblicher Blasphemie und Verstößen gegen die Kirchendisziplin.[1]

Brunos vorliegende Schriften sind ziemlich zahlreich und unterschiedlichen Inhalts. Seine italienischen Werke, die alle zu seinen Lebzeiten veröffentlicht wurden, bestehen aus einer Komödie und mehreren satirischen Traktaten sowie seinen philosophischen Dialogen, welche wir später besprechen werden. Sein Stil ist lebhaft und überschwenglich, und vielfach recht barock und dunkel. Unter seinen zahlreicheren lateinischen Schriften, von denen einige im vorigen Jahrhundert veröffentlicht wurden und andere erst vor verhältnismäßig kurzer Zeit ans Licht gekommen sind, befinden sich mehrere bedeutende philosophische Dichtungen und Traktate und einige Werke, die seine Nebeninteressen widerspiegeln: Mathematik und Magie, Mnemotechnik („ars memoriae") und die sog. „Lullische Kunst".

Die „ars memoriae", aus einem Teil der antiken Rhetorik entstanden, war ein Gegenstand, der in Mittelalter und Renaissance sehr gepflegt wurde, und es gibt zu diesem Thema zahlreiche Traktate, die erst seit rund 50 Jahren, heute aber in zunehmendem Maße von Wissenschaftlern untersucht werden und die vermutlich viel weitergehende Beachtung verdienen.[2] Solche Versuche, Systeme zur Stärkung des Gedächtnisses eines Menschen zu entwerfen, waren von großem praktischem Interesse zu einer Zeit, als Wissenschaftler, Geschäftsleute und Politiker sich noch nicht so weitgehend wie heutzutage auf die Hilfe von Registern und Nachschlagewerken verlassen konnten und sichere Geläufigkeit im Verfügen über Kenntnisse und Fakten als notwendiges Kriterium für Kompetenz galt, nicht nur in Reden und Disputationen, sondern auch in der aktiven Ausübung vieler Berufe.

Die Lullische Kunst, die nach ihrem Erfinder, dem katalanischen Philosophen des 14. Jahrhunderts Raimundus Lullus, benannt ist, war eine allgemeine Schematisierung des Wissens, gründend auf einer Anzahl einfacher Begriffe und Sätze; Lullus behauptete, daß diese Kunst durch angemessene Kombinationsverfahren zur Entdeckung und zum Beweis alles anderen Wissens führe. Die Methode wurde veranschaulicht durch den Gebrauch von Buchstaben, Figuren und anderen Symbolen, welche die Grundbegriffe und ihre Kombinationen darstellen.[3] Die Lullische Kunst erregte das Interesse vieler Denker und Gelehrter bis zu Leibniz und ist offensichtlich zumindest in ihrem Anspruch, wenn nicht in ihrer Leistung, ein Vorläufer der modernen symbolischen Logik. Für Bruno waren „ars memoriae" und Lullische Kunst nicht nur Gegenstand wissenschaftlichen Forschungsdranges, sondern auch eine Art, seinen Lebensunterhalt zu verdienen, denn er scheint seine Privatschüler vor allem in diesen zwei Künsten unterwiesen zu haben. Diese Seite von Brunos Werk ist weniger bekannt, und eine ausführliche Untersuchung darüber ist erst in neuerer Zeit begonnen worden.

Brunos Denken zeigt viele Züge echter Eigenständigkeit, aber es ist gleichzeitig einer Vielzahl verschiedener Quellen verpflichtet. Trotz seiner zweiseitigen Polemik – gegen die Grammatiker und gegen die Scholastiker – verdankte er sowohl seiner humanistischen Erziehung als auch seiner aristotelischen und scholastischen Ausbildung vieles. Seine Lehre von der heroischen Liebe, die im Zentrum seines berühmten Werkes *Eroici furori* steht, ist stark von Ficino beeinflußt, und dieses Werk gehört zur geistigen und literarischen Tradition der platonischen Liebestraktate, welche im Denken und in der Literatur des 16. Jahrhunderts eine ziemlich wichtige Rolle spielten.[4] In der Metaphysik stand Bruno unter dem starken Einfluß von Plotin und Cusanus, während seine Kosmologie auf Lukrez und Kopernikus aufbaut.

Viele Historiker haben in Brunos Denken ernsthafte Widersprüche festgestellt, und einige Forscher haben versucht, sie chronologisch zu lösen, in der Annahme, daß seine Philosophie eine gewisse Entwicklung durchgemacht hätte. Ohne die Möglichkeit einer solchen Entwicklung auszuschließen, neige ich eher zu der Annahme, daß seit seinen *Italienischen Dialogen* seine Grundeinstellung unverändert geblieben war und einige Doppeldeutigkeiten, Schwankungen und logische Schwierigkeiten in dieser Einstellung selbst enthalten sind. Mindestens ein wichtiger Punkt, der in Brunos veröffentlichten Werken unklar blieb, wird durch ein unlängst entdecktes Dokument aus seinen letzten Lebensjahren ziemlich gut erhellt.[5]

Einige der wichtigsten ethischen Lehren Brunos enthält sein berühmtes Werk *Eroici furori,* eine Reihe von Dialogen, in denen Rezitation und Interpretation einiger Gedichte Brunos und anderer Autoren sowie die Auslegung einiger symbolischer Sprüche und Devisen einen großen Raum einnehmen und die Darstellung der philosophischen Grundideen unterbrechen und beleben. Das herkömmliche Thema platonisierender Abhandlungen über die Liebe frei variierend, stellt Bruno heroische Liebe und Leidenschaft der gewöhnlichen Liebe gegenüber. Heroische Liebe hat einen göttlichen Gegenstand und führt die Seele in stufenweisem Aufstieg von der sinnlichen Welt über intelligible Gegenstände zu Gott.[6] Die Vereinigung mit Gott, das letzte und unendliche Ziel unseres Willens und Intellekts, kann im gegenwärtigen Leben nicht erreicht werden. Daher ist die heroische Liebe eine unaufhörliche Qual für den Philosophen.[7] Aber sie empfängt von ihrem letzten Ziel, das nach dem Tode erreicht wird, inneren Adel und Würde. Eben diese Betonung des Leidens, das die unerfüllte heroische Liebe während des gegenwärtigen Lebens begleitet, unterscheidet Brunos Theorie von der der meisten Autoren, die vorher über dieses Thema geschrieben hatten, und dies erklärt wohl auch, warum er es vorzog, die höhere Liebe „heroisch" und nicht „göttlich" zu nennen.

Ein zentraler Aspekt von Brunos Philosophie kommt in seinem Dialog *De la causa, principio e uno* zur Sprache, in dem einige seiner grundlegenden metaphysischen Ideen besprochen werden. Er beginnt mit der grundlegenden Feststellung, daß Gott als Substanz gedacht werden muß und seine Wirkungen als Akzidentien.[8] Dies bedeutet eine völlige Umkehrung des traditionellen aristotelischen Substanzbegriffes, nach welchem der Terminus Substanz immer auf bestimmte sinnlich wahrnehmbare Gegenstände angewandt wurde, deren beständige oder wechselnde Attribute Akzidentien genannt wurden. Für Bruno gibt es nur noch eine Substanz, nämlich Gott, und alle Einzeldinge sind bei weitem keine Substanzen, sondern werden zu Akzidentien, d.h. vergänglichen Manifestationen dieser einzigen Substanz. Diese Auffassung hat viel Ähnlichkeit mit Spinoza, von dem oft behauptet wurde, daß er sein Grundkonzept von Bruno übernommen hätte, obwohl es keine greifbaren Beweise dafür zu geben scheint, daß Spinoza mit Brunos Denken oder Schriften vertraut gewesen wäre.

Wir müssen, um Gott erkennen zu können, so heißt es weiter bei Bruno, sein Abbild kennen, die Natur. Um diese Aufgabe zu erfüllen, wendet Bruno die vier Kategorien, die für Aristoteles und seine Schule nur Hilfsmittel zur Erklärung von Einzelgegenständen und Erscheinungen waren, auf das Universum an. Er entwikkelt einige von Aristoteles beiläufig gemachte Bemerkungen weiter und unterteilt die vier Ursachen in zwei Gruppen, die er Ursachen im engeren Sinn des Wortes und Prinzipien nennt. Form und Materie sind Prinzipien, weil sie ihrer Wirkung immanent sind, während Wirkursache und Zweckursache außerhalb ihrer Wirkung sind.[9] Er bestimmt dann die Wirkursache der Welt als den universalen Intellekt, der der höchste Teil der Weltseele ist.[10] Hier schöpft er aus Plotin, und es gibt keine Hinweise darauf, daß er die Weltseele oder ihren Intellekt mit Gott identifizierte. Im Gegenteil, er unterscheidet ausdrücklich diesen Weltintellekt vom göttlichen Intellekt und sagt über ihn, er enthalte alle Formen und Arten der Natur genauso, wie unser Intellekt alle seine Begriffe enthält. Dieser Weltintellekt bringt als ein immanenter Künstler aus der Materie alle materiellen Formen hervor, welche Abbilder seiner eigenen inneren Spezies sind.[11] Die Zweckursache der Welt dagegen ist nichts anderes als ihre eigene Vollkommenheit.[12]

Die Prinzipien, d.h. die inneren Bestandteile der Natur, sind Form und Materie.[13] Sie entsprechen dem Namen nach der formalen und materialen Ursache bei Aristoteles, sind aber in Wirklichkeit nach plotinischem Muster konzipiert. Bruno behauptet, daß die Form in gewissem Ausmaß mit der Seele koinzidiert, da jede Form von einer Seele hervorgebracht wird. Denn alle Dinge werden durch die Weltseele belebt, und die ganze Materie ist überall von Seele und Geist durchdrungen. So kann man sagen, daß die Weltseele das formale Konstitutionsprinzip der Welt ist, ebenso wie die Materie das materielle Konstitutionsprinzip ist. Die Welt ist dann *eine* ewige geistige Substanz, die nur in verschiedenen Formen in Erscheinung tritt.

Form und Materie sind also beide ewige Substanzen und Prinzipien und bestimmen sich gegenseitig, während die Körper, die aus Materie und Form zusammengesetzt sind, vergänglich sind und nicht als Substanzen, sondern als Akzidentien angesehen werden müssen.[14] Bruno scheint also die Einzeldinge als das Resultat einer wechselnden gegenseitigen Durchdringung zweier universaler Prinzipien zu bestimmen, und dieser ansprechende und originelle Standpunkt stellt auch die fundamentale Schwierigkeit seiner Philosophie dar.

In Gott, so fährt Bruno fort, fallen Form und Materie *aktualiter* und *potentialiter* in eines zusammen.[15] Und mit einer scheinbar bedeutenden Abweichung von seiner vorherigen Stellungnahme behauptet er, es gebe auch im Universum nur ein Prinzip, welches formal und material zugleich sei, und also sei das Universum, wenn man es als Substanz betrachtet, nur eines.[16] Von diesem einen Prinzip mit seinen beiden Aspekten heißt es, es konstituiere alle körperlichen und alle unkörperlichen Dinge.[17] Bruno scheint hierin dem sog. universalen Hylemorphismus des Avicebron zu folgen, welcher auch alle unkörperlichen Dinge aus Form und Materie bestehen läßt.[18] Diese Behauptung enthüllt eine weitere grundlegende Doppeldeutigkeit, die Bruno von Cusanus und anderen Philosophen vor ihm übernommen hat und die er, zumindest in dieser Schrift, nie ganz überwindet. Bruno scheint nämlich, wenn er über die Natur und das Universum spricht, sie in erster Linie unter dem Gesichtspunkt des physikalischen Universums zu betrachten, gleichzeitig aber schließt er ins Universum auch alle unkörperlichen Dinge, außer Gott, mit ein. Wenn er von der Materie spricht, betont er, daß sie nicht ausschließlich negativ sei, sondern alle Formen in sich enthalte, und nimmt hierbei eine Theorie des Averroes auf, womit er sich zugleich von Aristoteles und von Plotin entfernt, welche beide die Materie als reine Potenz verstanden.[19]

Indem Bruno das Universum mit der Substanz identifiziert, die sowohl Form als auch Materie umfaßt, sagt er, daß das Universum eines und unendlich ist, ein Seiendes, Wahres und Eines, während alle Einzeldinge bloße Akzidentien und der Zerstörung unterworfen seien.[20] Es gibt keine Vielzahl der Substanzen in der Welt, nur eine Vielzahl von Manifestationen einer einzigen Substanz. Die Vielzahl der Dinge ist nur scheinbar, gehört zu der Oberfläche, die unseren Sinnen zugänglich ist, während unser Geist unter dieser Oberfläche die eine Substanz erkennt, in der alle scheinbaren Gegensätze koinzidieren.[21] Diese Substanz ist wahr und gut, Materie und Form zugleich, und in ihr sind Akt und Potenz nicht mehr voneinander unterschieden. In solchen Formulierungen scheint die Unterscheidung zwischen dem Universum und Gott aufgehoben, aber Bruno unterscheidet in einem wichtigen Abschnitt zwischen dem physikalischen Universum, das die Philosophen erkennen, und dem archetypischen Universum, an das die Theologen glauben.[22]

So stellt er uns ein eindrucksvolles und originelles Weltbild vor, aber wenn wir die verschiedenen Aussagen des Dialoges miteinander vergleichen, bleiben ein paar grundlegende Zweideutigkeiten bestehen. Form und Materie sind für Bruno eindeutig universale Prinzipien, aber manchmal betrachtet er sie als unterschieden, manchmal als identisch oder vielmehr als zwei Aspekte desselben Prinzips. Das physische und metaphysische Universum sind zuweilen miteinander identisch, zuweilen ganz deutlich unterschieden. Und schließlich wird das Universum manchmal als ein Abbild Gottes und von ihm unterschieden betrachtet, manchmal verflüchtigt sich dieser Unterschied.

Die Brunoforschung hat auf verschiedene Weisen versucht, mit diesen Schwierigkeiten fertigzuwerden. Einige Wissenschaftler betonen eine Gruppe von Gedankengängen auf Kosten der anderen und machen so aus Bruno entweder einen platonisierenden Metaphysiker oder einen erklärten Pantheisten. Diejenigen, die bereit waren, die Zweideutigkeiten in seinem Werk anzuerkennen, haben oft die extrem pantheistische Richtung für seine eigentliche Auffassung gehalten und die dualistischen Aussagen für Konzessionen gegenüber der öffentlichen Meinung oder möglichen Zensoren und Kritikern erklärt. Andere betrachten den Pantheismus als die logische Konsequenz seiner Stellungnahmen, zu der er allmählich gelangt sei, und die dualistischen Aussagen als bloße Überbleibsel seiner früheren Ansichten. Diese letzte Annahme erscheint unter den erwähnten als die begründetste. Trotzdem neige ich mehr zu der Vermutung, daß Bruno eine Vorstellung hatte, die nicht vollständig durch diese Alternativen auszudrücken war, und daß er es auf sich nahm, das Dilemma, d.h. seine beiden Pole, als Paradoxon und annähernde Beschreibung anzuerkennen, ohne sich in eine extremere Position drängen zu lassen. Im Vergleich zu seinen Lieblingsquellen, Plotin und Cusanus, geht Bruno zweifellos viel weiter in Richtung auf eine pantheistische oder immanentistische Position. Aber ich bezweifle sehr, daß er ein extremer Pantheist oder Naturalist sein wollte. In einer seiner letzten Äußerungen versucht er zu beweisen, daß das individuelle Bewußtsein nur eine Einzelmanifestation des universalen Bewußtseins sei, genauso wie einzelne Körper Manifestationen der universalen Materie seien.[23] Diese Aussage ist eine willkommene Ergänzung zu seinen anderen Schriften, in welchen diese besondere These nicht so deutlich ausgesprochen wird. Sie zeigt auch, daß sein Standpunkt dem des Cusanus und den dualistischen Abschnitten in seinen Dialogen ähnlicher war, als viele Interpreten zugestehen wollten.

Nicht weniger interessant und historisch bedeutend als Brunos Metaphysik ist seine Konzeption des physischen Universums, wie sie in seinem Dialog *De l'infinito, universo e mondi* entwickelt wird. In diesem Werk stellt Bruno das kopernikanische System des Universums dar und verleiht ihm zum ersten Mal eine philosophische Bedeutung.[24] Die Hauptbetonung liegt auf der Unendlichkeit des Universums als Ganzes im Gegensatz zu den unzählbaren endlichen Welten, die in ihm enthalten sind. Diese Unterscheidung zwischen dem Universum und den Welten ist von Lukrez entliehen, ebenso die Vorstellung von der Unendlichkeit des Universums, die sich bei Kopernikus überhaupt nicht findet.[25] Wir wissen jetzt, daß im 16. Jahrhundert die Unendlichkeit des physischen Universums vor Bruno von Thomas Digges behauptet wurde, aber es ist nicht sicher, daß Bruno die Schriften dieses Vorläufers kannte.[26] Wir könnten auch die Meinung Patrizis zum Vergleich heranziehen, der einen unendlichen leeren Raum annahm, der unsere endliche Welt umgibt. Für Bruno gibt es viele solche Welten wie die unsere, und das Universum außerhalb unserer Welt ist kein leerer Raum. Außerdem begreift er im Gegensatz zu Patrizi unsere Welt oder das Sonnensystem gemäß dem kopernikanischen System. Ferner besteht er darauf, daß diese Unendlichkeit des Universums nicht sinnlich wahrgenommen werden kann, sondern durch das Urteil des Verstandes enthüllt wird,[27] und wendet sich hierin von dem Sensualismus der Epikureer und Telesios ab und zurück zu Demokrit.

Das unendliche Universum ist für Bruno das Abbild eines unendlichen Gottes.[28] Mindestens in diesem Kontext unterscheidet er deutlich zwischen Gott und dem Universum, und seine Position ist der des Cusanus vergleichbar. Aber während Cusanus die wahre Unendlichkeit für Gott allein reserviert, benutzt Bruno die Relation zwischen dem Universum und Gott als Argument für die Unendlichkeit des ersteren. Da Gott unendlich ist, muß auch das Universum unendlich sein, wenn auch in einem anderen Sinne.[29]

Wie bei Patrizi und anderen sind die Sterne nicht mehr an starren Sphären befestigt, sondern sie bewegen sich frei durch den unendlichen Raum. Aber in Übereinstimmung mit der neuplatonischen Tradition und mit der von den meisten mittelalterlichen Aristotelikern vertretenen Meinung sieht Bruno die Ursache der Bewegung der Sterne in ihren inneren Prinzipien oder Seelen.[30] Die Erde ist auch in Bewegung und kann daher als einer der Sterne angesehen werden.[31] Nur das Universum als Ganzes ist in Ruhe, während alle einzelnen in ihm enthaltenen Welten in Bewegung sind. Das Universum als Ganzes hat kein absolutes Zentrum und keine absolute Richtung; d.h. wir können nicht von einer Aufwärts- oder Abwärtsbewegung in absolutem Sinne sprechen. Schwere und Leichtigkeit haben nur relative Bedeutung im Verhältnis zu den Teilen des Universums, auf die sich ein bestimmter Körper zubewegt.[32] Diese Ansicht Brunos kann man als „halb-aristotelisch“ bezeichnen. D.h. in seiner Leugnung eines absoluten Zentrums wiederholt Bruno eine Formel des Cusanus und interpretiert sie im Sinne des Lukrez. In seiner Leugnung einer absoluten Richtung folgt er den Atomisten gegen Aristoteles; aber wenn er eine relative Richtung beibehält und vor allem die Distinktion zwischen Schwere und Leichtigkeit aufrechterhält, steht er immer noch im Bann der aristotelischen Physik.

Die einzelnen Sterne, sagt Bruno, sind wegen des Einfließens und Ausfließens der Atome kontinuierlichen Veränderungen unterworfen, bleiben aber dank einer inneren oder äußeren Kraft bestehen.[33] Die Vorstellung vom Einfließen und Ausfließen beruht abermals auf dem Atomismus, und die Vorstellung, daß die Sterne Veränderungen unterworfen seien, ist eine weitere bedeutende Abkehr von der aristotelischen Kosmologie, in welcher die himmlischen Gegenstände im Gegensatz zu den sublunaren als unveränderlich und unzerstörbar betrachtet werden. Aber die innere Kraft scheint eher eine neuplatonische als eine atomistische Annahme zu sein. Bruno weiß, daß die Fixsterne von uns unterschiedlich weit entfernt sind, und daher verwirft er die traditionelle Vorstellung von einer einzigen Sphäre der Fixsterne.[34] Er glaubt, daß das gesamte Universum mit Äther angefüllt sei, auch in den sogenannten leeren Zwischenräumen zwischen den Sternen.[35] Alle Sterne des Universums sind in zwei Hauptgruppen eingeteilt, welche er als Sonnen und Erden bezeichnet. Das vorwiegende Element der ersteren ist Feuer, der letzteren Wasser.[36] Unsere Erde ist wie ein Stern, und wenn sie von außen betrachtet wird, scheint sie wie die anderen Sterne.[37] Bruno nimmt auch an, daß die verschiedenen Welten außerhalb unserer eigenen bewohnt seien.[38] Er leugnet die Existenz elementarer Sphären und somit eine weitere Grundannahme der traditionellen aristotelischen Kosmologie und nennt die Vorstellung von einer Hierarchie der Natur ein bloßes Produkt der Phantasie.[39]

Brunos Kosmologie ist recht beeindruckend und nimmt in mehreren Hinsichten die Konzeption vom Universum vorweg, wie sie von der modernen Physik und Astronomie entwickelt werden sollte. Er war nicht nur der erste bedeutendere Philosoph, der das kopernikanische System annahm, sondern auch einer der ersten Denker, die kühn so altehrwürdige Vorstellungen abschüttelten wie die radikale Unterscheidung zwischen himmlischen und irdischen Dingen und die hierarchische Gliederung der Natur. Da er um die Neuheit seiner Ansichten sehr wohl weiß, verschont er Aristoteles und seine Anhänger keineswegs, sondern verfolgt sie mit einer Kette polemischer Angriffe. Die Tatsache, daß Bruno noch einige Restbestände aristotelischer Physik aufrechterhält, sollte nicht überbewertet werden, zumal dies auf jeden Fall zu erwarten war. Andererseits ist zu Recht betont worden, daß er ein Vorläufer, aber nicht ein Begründer der modernen Naturwissenschaft und Philosophie gewesen ist. Er war sich nicht der Rolle bewußt, die die Mathematik und die experimentelle Beobachtung in der modernen Wissenschaft spielen sollten, und er entwickelte keine präzise Methode, durch die seine Behauptungen geprüft oder bewiesen werden könnten. Sein Verdienst und seine Grenzen liegen in der Tatsache, daß er durch Intuition und Vision eine ganze Reihe von Ideen vorwegnahm, die denen ähnlich sind, die spätere Jahrhunderte auf der Basis viel soliderer Beweise aufnehmen und entwickeln sollten. Aber je mehr wir geneigt sind, die Rolle der Imagination neben der der empirischen Beobachtung und der logischen Deduktion in der Wissenschaft für wichtig zu erachten, desto mehr sollten wir den Beitrag schätzen, den solche Denker wie Bruno geliefert haben.

Das Ausmaß des Einflusses Brunos im Verlauf der folgenden Jahrhunderte ist schwer abzuschätzen. Seine Verurteilung und sein schreckliches Ende machten es jedem katholischen Gelehrten unmöglich, ihn offen zu lesen und zu zitieren, und sogar in protestantischen Ländern scheinen seine Werke lange Zeit nur wenig im Umlauf gewesen zu sein. Aber Galilei könnte Bruno lange vor dessen Verurteilung gelesen haben, und die Ähnlichkeit gewisser Äußerungen über die Stellung der Erde im Universum ist bei Galilei und Bruno so groß, daß sie am Ende doch nicht zufällig sein könnte. Ich bin auch geneigt, eine Verbindung zwischen Bruno und Spinoza zu sehen, denn die Auffassung vom Verhältnis zwischen Gott und den Einzeldingen als Verhältnis von Substanz und Akzidentien ist zu ähnlich und zu ungewöhnlich, um als bloßer Zufall gelten zu können. Abgesehen von vielen anderen Unterschieden war es für Spinoza ganz natürlich, Brunos beide Grundprinzipien, Form (oder Seele) und Materie, die neuplatonischen und, wenn man will, aristotelischen Ursprungs sind, durch die Attribute des Denkens und der Ausdehnung zu ersetzen, die aus dem cartesischen System abgeleitet sind. Die Frage, ob die Theorie der Monaden, wie sie in einigen lateinischen Werken Brunos entwikkelt wird, einen Einfluß auf Leibniz gehabt haben könnte, kann ich hier nicht behandeln.

Wir haben nun diese ziemlich knappe Behandlung von acht ausgewählten Denkern aus der Renaissance beendet. All diese Männer sind Italiener, und sie stellen nur eine sehr kleine Auswahl aus der großen Anzahl philosophischer Autoren dar, die in Italien im Verlauf der rund drei Jahrhunderte tätig waren, die wir zu behandeln versuchten. Ich hoffe, die Auswahl war repräsentativ, nicht nur für das italienische, sondern auch für das europäische Denken in der Epoche der Renaissance. Viele Denker, auf die wir nicht eingehen konnten, vertreten andere Meinungen oder andere Kombinationen von Meinungen. Trotzdem glaube ich, daß das allgemeine intellektuelle Klima, in welchem sie sich bewegten, und die wichtigsten Probleme, mit denen sie sich befaßten, im großen und ganzen dieselben waren; denn die Schulen, die wir zu beschreiben versucht haben – Humanismus, Platonismus, Aristotelismus und die neue Naturphilosophie –, umfassen nahezu alle Denker der Epoche, sowohl in Italien als auch in anderen europäischen Ländern. Ich habe nicht über Erasmus oder Morus, Vives oder Montaigne oder andere gesprochen, nicht etwa weil ich sie für weniger wichtig halte, sondern weil ich eine enge Auswahl treffen mußte. Und diese Auswahl wurde bestimmt durch die Grenzen meiner eigenen wissenschaftlichen Interessen, meiner Neugier und meiner Kenntnisse.

Wenn wir am Ende unserer Übersicht das geistige Erbe abschätzen wollen, das die Renaissancephilosophie späteren Jahrhunderten, unser eigenes mitgerechnet, hinterlassen hat, so kann dies nicht mit einem einzigen Satz erledigt werden, und es wird klug sein, es aufzugliedern und die verschiedenen Richtungen, die wir besprochen haben, gesondert zu behandeln. Der Renaissancehumanismus war eine komplexe Bewegung, die ihre Wirkung sowohl in der Geisteswissenschaft und Literatur als auch in der Ethik und Philosophie gezeitigt hat. Als geisteswissenschaftliche Bewegung ist er verantwortlich für den alles durchdringenden Klassizismus und das Aufkommen der klassischen (oder humanistischen) Schulbildung, die im 15. Jahrhundert einsetzte und bis Anfang unseres Jahrhunderts bestehen blieb. Auch waren es die Humanisten, die als erste die Methoden und Techniken der philosophischen und historischen Wissenschaften zu formulieren und praktizieren begannen; diese Methoden sind zwar seither entwickelt und verfeinert und auf eine ganze Reihe anderer Gegenstände angewandt worden, wurden aber nicht grundlegend verändert. Als Geschichts- und Literaturwissenschaftler, und auch wenn wir Philosophie- oder Wissenschaftshistoriker sind, müssen wir in den Humanisten unsere professionellen Vorläufer anerkennen. In der Literatur war der Humanismus vor allem mit einer Reform der neulateinischen Literatur verbunden, die zu weitergehender klassischer Reinheit in Sprache, Stil und Metrik führte sowie zur Wiederbelebung vieler antiker Literaturgattungen. Diese Leistung wird oft nicht hinreichend gewürdigt, weil sie mittlerweile veraltet ist, aber bis ins 18. Jahrhundert hatte sie beträchtliche Bedeutung. Weniger direkt, aber von unserem heutigen Standpunkt aus betrachtet wichtiger war die Einwirkung des Humanismus auf die verschiedenen volkssprachlichen Literaturen. Sie äußerte sich in der Einführung klassischer Themen und Genres und im Streben nach größerer sprachlicher und stilistischer Sauberkeit des Ausdrucks.

Auf dem Gebiet der Philosophie verdanken wir den Humanisten den leichten Zugang zu antiken Philosophen außer Aristoteles, Cicero, Seneca, Boethius und Proklos und die Möglichkeit, Platon, Plotin, Epiktet, Epikur, Lukrez, Sextus Empiricus, und sogar vieles von Alexander von Aphrodisias zu lesen. Wir sind ihnen auch zu Dank verpflichtet, weil wir nicht mehr an scholastische Argumentationsformen gebunden sind (oder es bis vor kurzem nicht waren) und unsere Gedanken nicht nur in Kommentaren und Quästionen, sondern auch in Aufsätzen, Essays, Büchern und Einzelstudien äußern dürfen.

Mit anderen Worten, der Renaissancehumanismus brachte dem Abendland auf dem Gebiet der Geisteswissenschaft, Literatur und Philosophie ein gewaltiges Korpus weltlicher Gelehrsamkeit und Literatur, das weder religiös noch naturwissenschaftlich noch professionell war und das, ohne religions- oder wissenschaftsfeindlich zu sein, neben der Theologie und den professionellen Disziplinen eine wichtige und unabhängige Stellung in der Ausbildung, der literarischen Produktion und im Denken einzunehmen begann. Humanistische Bildung ist in viel größerem Maß als der ziemlich magere Kursus der Freien Künste im Mittelalter die Quelle dessen, was wir als humanistische Wissenschaften preisen, denen wir eine Erweiterung des Horizontes zuschreiben und die nicht bloß Gegenstand einer sog. Allgemeinbildung oder eine Freizeitbeschäftigung sein sollten, sondern ein integraler Bestandteil unseres Lebens und unserer Weltanschauung. Ich stelle fest, daß den humanistischen Disziplinen in akademischen Kreisen viel Lippendienst geleistet wird, daß sie aber in der öffentlichen Diskussion merklich abwesend sind, welche, wenn sie sich über rein praktische Angelegenheiten emporhebt, uns ausschließlich vor die nackte Alternative zwischen Naturwissenschaft und Religion zu stellen scheint. Ich bin auch schmerzlich berührt, wenn ich hören oder lesen muß, daß unser Erbe, unsere politischen Institutionen ausgenommen, bloß aus der wissenschaftlichen Methode und der jüdisch-christlichen Tradition bestehe, so als ob wir der griechischen Philosophie oder anderen Aspekten der antiken, mittelalterlichen und frühneuzeitlichen Kultur nichts verdankten oder als ob die „jüdisch-christliche Tradition“ selber, eine überaus komplexe und heterogene Tradition, nicht viele ihrer Elemente aus der griechischen Philosophie hergeleitet hätte, wie die meisten aufmerksamen und kenntnisreichen Erforscher der Religion und Theologie gerne zugeben. Wenn ich mich mit solchen heutigen Problemen konfrontiert sehe, beginne ich mich zu fragen, ob unser humanistisches Erbe und unsere historischen und philosophischen Studien nicht vielleicht mehr sind als bloß gelehrte Forschungen und ob sie nicht ernsthafte philosophische Implikationen enthalten, deren Wichtigkeit hervorzuheben es höchste Zeit ist, um sie dem breiten Publikum vor Augen zu stellen, bevor die entsetzliche Verarmung unseres Bildungs- und Kultursystems allzuweit fortgeschritten ist.

Der Renaissanceplatonismus ist in einigen Aspekten eng mit dem Humanismus verbunden. Er ist verantwortlich für den leichten Zugang, den wir zu den Werken Platons und anderer platonischer Autoren haben. Er ließ die platonische Tradition wiederaufleben – oder erhielt sie lebendig –, die im abendländischen Denken so viel Recht hat wie jede andere, als „philosophia perennis" zu gelten, und innerhalb der Geschichte des Platonismus stellt er eine der wichtigsten Phasen dar. In seiner allgemeinen Ausrichtung und einigen seiner spezifischen Ideen ist der Renaissanceplatonismus eng mit der rationalistischen und idealistischen Tradition in der modernen Philosophie verbunden, und sein Einfluß ist in vielen der späteren Phasen dieser Tradition zu erkennen. Diese Schule ist in Europa noch sehr lebendig, und obwohl sie in Amerika in den letzten zwei Generationen etwas außer Mode gekommen ist, kann sie in Zukunft wieder an Gunst und Lebenskraft gewinnen.

Der Renaissancearistotelismus, den wir am Beispiel Pomponazzis besprochen haben, repräsentiert eine ganz andere Einstellung, die aber für das moderne Denken nicht weniger bedeutend gewesen ist. Er arbeitete auf eine klarere Trennung zwischen Philosophie und Theologie hin, und ohne zu einer rein naturalistischen oder antireligiösen Einstellung zu gelangen, ebnete er späteren derartigen Bewegungen im abendländischen Denken den Weg.

Die Naturphilosophen der Renaissance endlich, mit ihren brillanten und z.T. originellen Versuchen neue Systeme zu formulieren, sind die Vorläufer der spekulativen Seite der modernen Philosophie, die durch den kontinuierlichen und erfolgreichen Fortschritt der exakten und der anderen Wissenschaften diszipliniert, aber keineswegs ausgelöscht worden ist.

Ich hoffe, unsere knappe Übersicht hat gezeigt, wenn auch vielleicht nicht bewiesen, was ich ganz zu Anfang zu suggerieren versucht habe, nämlich daß das philosophische Denken der Renaissance weitgehend den geistigen Hintergrund für die Kunst, Literatur und die übrigen kulturellen Manifestationen der Epoche liefert. Im Verlauf der letzten fünfzig Jahre haben Kunst- und Literaturhistoriker bedeutende Arbeit im Aufdecken der philosophischen Quellen geleistet, die hinter der Renaissance-Ikonographie und hinter der Symbolik und Denkweise der Renaissancepoesie stehen. Diese Untersuchungen sind noch lange nicht zu ihrem Abschluß gekommen, und die Solidität ihrer Ergebnisse ist von Fall zu Fall sehr unterschiedlich. Aber einige der vorgeführten Beispiele und der gezogenen Schlußfolgerungen sind überzeugend und andere mindestens vielversprechend. Wir haben gelernt, mit größerer Präzision Botticelli und Michelangelo zu betrachten, Marlowe und sogar Shakespeare zu lesen, weil wir nun wissen, daß einige ihrer Bilder und Gedanken nicht bloß vage Ornamente sind, sondern vielmehr spezifischer Ausdruck für damals im Umlauf befindliche Ideen; und unser Vergnügen an ihrem Werk scheint durch diese Einsicht keinen Schaden gelitten zu haben. Für den Philosophiehistoriker, der die Werke der Renaissancedenker zu lesen und interpretieren bemüht ist, ist der Dienst, den er damit seinen Kollegen in der Literatur- und Kunstgeschichte leisten kann, sicherlich ein Ansporn und fast eine Verpflichtung.

Ein weiterer wichtiger Aspekt ist die Rolle, die die Renaissancephilosophie innerhalb der Geschichte des abendländischen Denkens spielt. Die philosophische Bedeutung der großen Denker der Antike und des 17. Jahrhunderts ist niemals in Frage gestellt worden, und die Wichtigkeit der mittelalterlichen Philosophen des 12., 13., und frühen 14. Jahrhunderts ist innerhalb der letzten hundert Jahre in immer fortschreitendem Maße anerkannt worden. In gewissem Sinne ist die Philosophie des 13. mit der des 17. Jahrhunderts vergleichbar, da sie beide eine kompakte geistige Leistung mit einer großen stilistischen Einheitlichkeit und Gediegenheit darstellen, die dem Denken der dazwischenliegenden Periode abgehen. Es ist dies eine Periode der Gärung, in welcher viele neue Quellen aufgenommen, viele neue Ideen oder neue Kombinationen alter Ideen vorgetragen und ausprobiert wurden. Aber wenn wir verstehen wollen, warum die Philosophie des 17. Jahrhunderts anders war als die des 13. und wie es möglich war, von der einen zur anderen überzugehen, müssen wir die geistige Entwicklung der dazwischenliegenden Jahrhunderte untersuchen. Es ist das Renaissancedenken mit seinen heterogenen und sogar chaotischen Bestrebungen, das die allmähliche Auflösung der mittelalterlichen Philosophie hervorrief und den Weg für das Aufkommen der modernen Philosophie bereitete; und demnach ist es das Denken der Renaissance, das für den Unterschied dieser beiden Jahrhunderte, wenn schon nicht hinsichtlich der Methoden und Ergebnisse, so doch hinsichtlich der Quellen, des literarischen Stiles, der Terminologie und der Problemstellung verantwortlich ist. Für den Philosophiestudenten, der auch ein wissenschaftliches Interesse an der Geschichte der Philosophie hat, ist diese Entwicklung besonders anziehend: der Gegenstand ist noch nicht sehr weitgehend erforscht, und die Möglichkeit, neue Texte zu entdecken oder sogar gedruckte Texte zum ersten Mal seit Jahrhunderten zu lesen und konventionelle, aber irrige Formeln und Interpretationen durch richtigere zu ersetzen, die aus den Quellen zu belegen sind, hat einen ganz eigenen Reiz.

Neben dem Einfluß, den die Renaissancephilosophie auf das Denken späterer Jahrhunderte und die Kultur ihrer eigenen Zeit gehabt haben mag, und abgesehen von dem Platz, den sie in der historischen Entwicklung der abendländischen Philosophie einnehmen mag, möchte ich die innere Bedeutung und das Interesse betonen, die das Studium dieses Gegenstandes und überhaupt das Studium der Geschichte der Philosophie im allgemeinen für den Philosophiestudenten haben kann. Es ist nicht nur durch die Erweiterung des Horizontes gerechtfertigt, die diese Reise durch die Zeit in unserem Geist hervorruft, wie es auch das Reisen durch fremde Länder zustandebringt, indem es uns zusätzlich zu den vertrauten, geläufigen Denkmustern andere Alternativen vor Augen führt und uns dazu verhilft, unsere eigene gewohnte Denkweise in der angemessenen Perspektive zu betrachten. Es ist auch deswegen gerechtfertigt, weil jedes echte Denksystem, genau wie jedes ernstzunehmende Kunstwerk, eine eigenständige und einzigartige Wesenheit darstellt, die es verdient, betrachtet und aufgenommen zu werden, bevor wir sie analysieren und kritisieren dürfen. Solches Denken hat eine immerwährende Qualität, und vielleicht hatte Pico am Ende recht, wenn er behauptete, daß eine jede Philosophie von der universalen Wahrheit einen Aspekt darstellt oder einen Teil enthält, nach der wir alle streben und von der jedem von uns nur einen Teil oder bestenfalls einige wenige Aspekte zu erkennen vergönnt ist.

Anhang

Die mittelalterlichen Voraussetzungen des Renaissancehumanismus

Eine Besprechung der mittelalterlichen Voraussetzungen oder Hintergründe der Renaissance, oder irgendeines Phänomens der Renaissance, könnte leicht den Eindruck erwecken, eine Unterstützung und Bestätigung jener Mediävisten zu liefern, die die Position einnahmen, daß jeder Aspekt, den man herkömmlich mit der Renaissance in Verbindung bringt, auch im Mittelalter aufzufinden ist oder daß wenigstens alles, was in der Renaissance etwas wert ist, in seinen Grundlagen mittelalterlich sei. Ich glaube nicht, daß diese Position haltbar ist. Wenn wir darauf bestehen wollen, daß es keinen plötzlichen Bruch zwischen Mittelalter und Renaissance gegeben hat, sondern eine Art von Kontinuität, dann müssen wir uns auch darüber im klaren sein, daß Kontinuität nicht dasselbe ist wie Stabilität, vielmehr ein gerütteltes Maß an graduellen Veränderungen und fortschreitender Innovation enthalten kann. Wenn dies nicht der Fall wäre, könnten wir es uns überhaupt nicht erklären, warum die Welt um 1600 so ganz anders aussah als um 1300.

Diese Veränderung ist zum Teil auf die Generationenfolge zurückzuführen (ein Faktor, welcher von den Theoretikern, die die Ursachen historischen Wandels erforschen, gewöhnlich außer acht gelassen wird) und zum andern Teil auf eine Reihe wichtiger Ereignisse, die zu bekannt sind, um eigens behandelt werden zu müssen, wie z.B. die Erfindung des Buchdrucks, die Entdeckung Amerikas und die Reformation. Es gab einen beständigen Wechsel von Stil und Mode, der nicht nur der Epoche der Renaissance als ganzer, sondern vielen kürzeren Perioden innerhalb der Renaissance ihr besonderes Gepräge gibt. Und obwohl jedes europäische Land und Gebiet das gesamte Mittelalter und die Renaissance hindurch seine eigenen spezifischen Beiträge zur gemeinsamen Kultur leistete und obwohl diese Kultur in vielen Hinsichten universal oder international blieb, ist doch die Tatsache bezeichnend, daß im Mittelalter und dann wieder im 17. und 18. Jahrhundert die meisten geistigen und kulturellen Strömungen des Abendlandes ihr Ausstrahlungszentrum in Frankreich hatten, während in der Zeit zwischen 1350 und 1600 Italien eine ähnliche Führungsposition innehatte. Schließlich müssen wir auch, wenn wir nach den mittelalterlichen Voraussetzungen bestimmter signifikanter Entwicklungen der Renaissance suchen, darauf gefaßt sein, sie nicht unter den bekanntesten und am häufigsten erforschten Aspekten der mittelalterlichen Geistesgeschichte zu finden, sondern vielmehr in gewissen unwichtigeren und sekundären Aspekten, die im Kontext ihrer eigenen Zeit von recht geringer Bedeutung zu sein scheinen, jedoch – als die bescheidenen Anfänge von Ideen und Denkweisen, welche nur in der nachfolgenden Periode zu voller Reife gelangten – eine besondere Bedeutung erlangen, so wie das Wasser, das zum Kamm der Welle emporsteigt, auch nicht von dem Kamm der vorausgehenden Welle herkommt, sondern vielmehr aus dem dazwischenliegenden Wellental. Daher ist es einfach, die mittelalterliche Scholastik und den Renaissancehumanismus einander entgegenzustellen, wie schon oft geschehen, aber ich glaube nicht, daß es möglich ist, letzteren von der ersteren herzuleiten. Wenn wir mittelalterliche Quellen und Vorläufer des Renaissancehumanismus suchen, müssen wir versuchen, so etwas wie einen mittelalterlichen Humanismus aufzuspüren. Zu diesem Zweck ist es aber nicht hinreichend, dem Terminus „Humanismus" irgendeine willkürliche oder verschwommene Bedeutung zugrunde zu legen und den großen scholastischen Theologen Thomas von Aquin als mittelalterlichen Humanisten, christlichen Humanisten oder wahren Humanisten zu bezeichnen, wie einige bedeutende Historiker versucht haben. Wir müssen uns bemühen herauszufinden, nicht was der Humanismus gewesen sein sollte, wenn er nach heutigen Maßstäben einen guten Eindruck machen soll, sondern was der Renaissancehumanismus in Wirklichkeit gewesen ist, und uns dann die völlig gerechtfertigte Frage stellen, ob dieses spezifische Phänomen, der Renaissancehumanismus, im Mittelalter irgendwelche Vorläufer gehabt habe und welche das waren.

Den Renaissancehumanismus zu verstehen oder in zufriedenstellender Weise zu definieren, ist nicht so einfach, wie wir uns wünschen würden. Natürlich sollte man zu Beginn die gegenwärtige Vorstellung vom Humanismus, welche ziemlich undifferenziert jede Art der Hervorhebung menschlicher Werte und Probleme bezeichnet, abtun. Die Untersuchung des Renaissancehumanismus hat vielfach unter der bewußten oder unbewußten Miteinbeziehung der Obertöne gelitten, die der Terminus Humanismus heute hat, und das Resultat war ein ziemliches Durcheinander. Aber auch wenn wir diese Falle umgehen, bleibt die Schwierigkeit beträchtlich. Die Kontroverse über die Bedeutung des Renaissancehumanismus war in letzter Zeit fast ebenso komplex und verwirrend wie die über die Renaissance selbst. Einige Historiker haben den Renaissancehumanismus mit bestimmten politischen, theologischen und philosophischen Gedanken in Verbindung gebracht und sprechen vom bürgerlichen Humanismus, christlichen oder religiösen Humanismus, oder sie dehnen den Begriff aus, bis er das gesamte Korpus weltlichen Denkens und weltlicher Philosophie umgreift, das die Epoche der Renaissance hervorbrachte. Andere wieder, einer Tradition aus dem 19. Jahrhundert folgend, ziehen den Renaissancehumanismus vorwiegend wegen seiner Leistungen auf dem Gebiet der klassischen Philosophie oder der Literatur in Betracht. Um die Verwirrung noch größer zu machen, wurde der Renaissancehumanismus mit dem Heidentum oder dem Protestantismus oder Katholizismus in Beziehung gesetzt, und infolgedessen wurde es zum Streitpunkt, ob der Humanismus durch die protestantische und katholische Reform verdrängt wurde oder sein Gesicht infolge dieser Ereignisse veränderte oder in seiner ursprünglichen Gestalt fortlebte.

Die meisten dieser Ansichten scheinen, obwohl sie miteinander unvereinbar und anfechtbar sind, doch einen wahren Kern zu enthalten. Ich kann sie hier nicht voll diskutieren und will statt dessen versuchen, meine eigene Ansicht zu diesem Gegenstand darzustellen. Ich habe versucht, eine Formel zu finden, die den meisten, wenn auch vielleicht nicht allen Aspekten und Leistungen des Renaissancehumanismus gerecht wird und zugleich so nahe wie möglich an das heranreicht, was die Renaissance selber unter Humanisten verstand. Denn der Terminus „Humanismus" wurde im frühen 19. Jahrhundert geprägt, aber der Terminus „Humanist" („humanista") geht auf das späte 15. Jahrhundert zurück und war im 16. Jahrhundert allgemein verbreitet. Aus den Dokumenten der Zeit geht unbezweifelbar hervor, daß die spätere Renaissance unter einem Humanisten einen Lehrer oder Studenten der „studia humanitatis" verstand. Denn der Terminus „studia humanitatis" ist sogar noch älter als der von ihm abgeleitete Terminus Humanist. Er erscheint in den Schriften antiker römischer Autoren wie Cicero und Gellius und wurde aus ihnen von Gelehrten des 14. Jahrhunderts wie z.B. Salutati (s. Kap. I, Anm. 24) übernommen. In diesem antiken Wortgebrauch bedeuteten die „studia humanitatis" eine Art liberaler Erziehung, d.h. eine literarische Erziehung, die eines vornehmen Menschen würdig war.

Im 15. Jahrhundert erhielt der Begriff „studia humanitatis" eine präzisere und technische Bedeutung und tauchte in Dokumenten aus dem Schul- und Universitätsbereich sowie in Klassifikationsschemata für Bibliotheken auf. Die „studia humanitatis" werden dann als fünf Fächer umfassend definiert: Grammatik, Rhetorik, Poetik, Historie und Moralphilosophie. Mit anderen Worten, im Sprachgebrauch der Renaissance war ein Humanist der professionelle Vertreter dieser Disziplinen, und wir sollten versuchen, den Renaissancehumanismus zunächst einmal aus dem Bereich der professionellen Ideale, der geistigen Interessen und der literarischen Produktion der Humanisten zu verstehen. Es ist eine Tatsache, daß viele

Renaissancehumanisten das Ideal einer universal gebildeten Persönlichkeit pflegten, und der Humanist Vives entwarf eine Enzyklopädie der Bildung, die eher auf humanistischen als auf scholastischen Prinzipien basierte. Es ist gleichfalls eine Tatsache, daß viele Humanisten oder Gelehrte mit humanistischer Ausbildung reges Interesse für Fachgebiete außerhalb der „studia humanitatis" hatten und einen bedeutenden Beitrag auf diesen Gebieten leisteten. Aber es ist wichtig, sich darüber im klaren zu sein, daß der professionelle Bereich, in dem die Humanisten zu Hause waren, ein wohldefinierter und begrenzter Studienbereich war, der eine bestimmte Reihe von Disziplinen umfaßte und andere ausschloß.

Denn die Renaissance hatte vom Spätmittelalter ein sehr ausgeprägtes und hochspezialisiertes Bildungssystem geerbt. Die Zeit der „septem artes liberales" (der sieben freien Künste), als der Gesamtbereich der weltlichen Gelehrsamkeit von einem jeden fähigen Schüler leicht gemeistert werden konnte, war seit langem vorbei. An die Stelle der sieben freien Künste war – nach der gewaltigen Zunahme der Kenntnisse im 11. und 12. Jahrhundert und der Einführung einer großen Anzahl wissenschaftlicher und philosophischer Texte, die aus dem Arabischen und Griechischen übersetzt wurden, sowie dem Aufkommen des fortgeschrittenen Unterrichts an den Universitäten im 13. Jahrhundert – eine Reihe spezialisierter Disziplinen getreten, die nicht mehr von ein und derselben Person gemeistert werden konnten und daher jeweils eigene, unterschiedliche Traditionen entwickelten: Theologie, Römisches und Kanonisches Recht, Medizin, Mathematik, Astronomie und Astrologie, Logik und Naturphilosophie und schließlich Grammatik und Rhetorik.

Diese Aufgliederung der Bildung, die das Spätmittelalter kennzeichnete, stellte während der Renaissance immer noch das innere Gerüst der Ausbildung dar, obwohl sie eine Reihe von Veränderungen und Ergänzungen erfuhr. Mit anderen Worten, wenn wir die Geschichte jener wissenschaftlichen Disziplinen verstehen wollen, die nicht zu den „studia humanitatis" gehörten, müssen wir die Theologie, Jurisprudenz, Medizin, Mathematik, Logik und Naturphilosophie der Renaissance gegen den Hintergrund der mittelalterlichen Traditionen auf diesen Gebieten betrachten, auch wenn alle diese Disziplinen im Verlauf der Renaissance einige bedeutende Veränderungen erfuhren, z.T. unter dem Einfluß des Humanismus und z.T. aus anderen Gründen. So ist die aristotelische Logik und Naturphilosophie der Renaissance mit dem scholastischen Aristotelismus des Mittelalters verbunden, und dasselbe gilt für die anderen oben genannten Disziplinen. Umgekehrt müssen wir, wenn wir nach der Fortsetzung der mittelalterlichen aristotelischen Logik oder Physik in der Renaissance suchen, den Renaissancearistotelismus erforschen, was noch nicht in ausreichendem Maße geschehen ist. Wenn Wissenschaftsgeschichtler behaupten, der Renaissancehumanismus hätte den Fortschritt der Wissenschaft um ein oder zwei Jahrhunderte verzögert, so ist diese Bemerkung völlig danebengegriffen. Ebensogut könnte man sagen, daß der Fortschritt der exakten Wissenschaften im 20. Jahrhundert durch die Literaturkritiker oder die existentialistischen Philosophen behindert wird. Die Renaissance war, wie das Spätmittelalter, eine Epoche vielfältiger und oft miteinander konkurrierender geistiger Interessen und Traditionen, und wir können einen Denker oder eine Richtung nicht richtig verstehen, wenn wir sie nicht in diesem System geistiger Koordinaten genau an die Stelle setzen, wo sie hingehören.

So möchte ich es für ausgemacht halten, daß der Renaissancehumanismus sich oft nebenher, aber niemals hauptamtlich oder anhaltend mit Theologie oder spekulativer Philosophie, mit Jurisprudenz oder den Naturwissenschaften befaßt hat, und deshalb kann man ihn nicht mit den mittelalterlichen Traditionen dieser anderen Disziplinen in enge Beziehung setzen. Er gehört von Grund auf zu einer anderen Schule oder Abteilung der Bildung. Wir müssen versuchen herauszufinden, was der Gegenstand der „humanitates" war, erst dann können wir uns fragen, welches die mittelalterlichen Voraussetzungen dafür waren.

Wir haben die Namen der fünf humanistischen Disziplinen aufgeführt, aber es könnte von Nutzen sein, die spezifischen Bedeutungen der Termini, wie sie damals verstanden wurden, zu erklären, denn sie unterscheiden sich oft vom normalen Gebrauch unserer Zeit. Der Unterricht des ersten Gegenstandes, der Grammatik, umschloß, wie auch heute noch, die formalen Regeln, die den Gebrauch der Sprache regieren; aber zusätzlich bezog er den lateinischen Elementarunterricht mit ein, den der Schuljunge als Vorbereitung und Instrument für alle anderen Studien durchmachen mußte, denn Latein war nach wie vor nicht nur die Sprache der Kirche, sondern auch der Gelehrtenwelt und des Universitätsunterrichts sowie der internationalen Konversation und Korrespondenz. Daher war es für alle Vertreter gelehrter Berufe lebenswichtig, Latein nicht nur zu lesen, sondern auch zu sprechen und zu schreiben. Darüber hinaus war es seit der klassischen Antike die Aufgabe des Grammatiklehrers gewesen, mit seinen Schülern die wichtigsten römischen Dichter und Prosaiker zu lesen. Im 14. Jahrhundert beginnt das Studium der Poetik sich von der Grammatik loszulösen, und die Grammatik beginnt auf ein elementareres Niveau beschränkt zu werden. Das Studium der Poetik verfolgte, wie wir aus einer Reihe von Dokumenten erfahren, offenkundig zwei Ziele. Dem Schüler wurde beigebracht, die klassischen lateinischen Dichter zu lesen und zu verstehen, und gleichzeitig lernte er, lateinische Gedichte zu verfassen. Beide Aufgaben waren fast untrennbar miteinander verbunden, denn die Fähigkeit, lateinische Verse zu schreiben, wurde durch ein genaues Studium und die Nachahmung der antiken lateinischen Modelle erworben und entwickelt. Mit anderen Worten, weder der eine noch der andere Aspekt des humanistischen Studiums der Poesie hatte etwas mit volkssprachlicher Poesie zu tun, und die humanistische Auffassung von Dichtung und Dichter war weit entfernt von den Vorstellungen, an die uns romantische und moderne Theorien der Ästhetik und der Literaturkritik gewöhnt haben. Wenn Petrarca auf dem Kapitol zum Dichter gekrönt wurde, muß man dieses Ereignis unter Vorgabe dieses humanistischen Verständnisses von Poesie interpretieren, wie wir aus der Rede, die Petrarca bei dieser Gelegenheit hielt, und aus dem ihm verliehenen Diplom erkennen können. Für die Humanisten war das Verständnis der Poesie, wie wir es zu erläutern versucht haben, von großer Wichtigkeit. Im 15. Jahrhundert, noch bevor der Terminus „Humanist" geprägt worden war, waren die Humanisten gewöhnlich unter der Bezeichnung „Poeten" bekannt, obwohl viele von ihnen nach den modernen Maßstäben diesen Titel kaum verdienen würden. Dies hilft uns zu begreifen, warum die Verteidigung der Poesie, eines der Lieblingsthemen der frühhumanistischen Literatur, eine Verteidigung der gesamten humanistischen Bildung umfaßte.

Nicht weniger wichtig als die Poetik war das humanistische Studium der Rhetorik oder Redekunst, und abermals wurden die Humanisten oft als Redner oder als Poeten und Redner zusammen bezeichnet, bevor der Terminus „Humanist" gebräuchlich wurde. In gewissem Sinne war das Studium der Rhetorik ein Studium der Prosaliteratur im Gegensatz zu dem Studium der Dichtung und bestand analog aus dem Lesen und Interpretieren der antiken lateinischen Prosaschriftsteller und der Übung im Verfassen lateinischer Prosa durch Nachahmung antiker Modelle. Im Rhetorikstudium wurden zwei Zweige der Prosaliteratur mit besonderem Nachdruck behandelt, die eine viel umfassendere praktische Bedeutung und Anwendung hatten, als irgendeine der poetischen Gattungen je besaß: der Brief und die Rede.

Der Brief war in der Renaissance wie auch in anderen Epochen nicht bloß ein Vehikel persönlicher Mitteilungen, sondern ein literarisches Genre, das einer Vielzahl anderer Zwecke diente: Nachrichten über neue Ereignisse, politische Manifeste oder Botschaften, kurze Traktate über geisteswissenschaftliche, philosophische oder andere gelehrte Themen – alles wurde in die Form des Briefes gegossen. Ein Humanist war jemand, der dazu ausgebildet war, gut zu schreiben, und wenn er nicht Schul- oder Universitätslehrer in seinem Fach werden wollte, war die meistgewählte und einträglichste Laufbahn, die ihm offenstand, Kanzler einer Republik oder einer Stadt zu werden oder Sekretär eines Fürsten oder einer anderen prominenten Persönlichkeit. In dieser Stellung war es seine Hauptaufgabe, als „ghost writer" für private oder offizielle Briefe zu fungieren, und seine Dienste wurden hoch eingeschätzt, da er diese Briefe in dem Stil verfaßte, den der Zeitgeschmack verlangte, und so das kulturelle und soziale Prestige seines Patrons aufrechterhalten half.

Von fast ebenso großer praktischer Bedeutung war die literarische Gattung der Rede. Historiker haben oft behauptet, die Humanisten hätten ihre Reden verfaßt, um ihrer persönlichen Eitelkeit zu frönen, und ihre Zuhörerschaft gezwungen, widerwillig ihren langatmigen Diskursen zuzuhören. Diese Ansicht ist ganz falsch, obwohl ich keineswegs leugnen möchte, daß die Humanisten stark zur Eitelkeit neigten. Die Dokumente lehren, daß in der Renaissance und besonders im Italien des 15. Jahrhunderts öffentliche Reden eine der beliebtesten Formen der Unterhaltung waren, der Rolle vergleichbar, die zur gleichen oder zu anderen Zeiten musikalische oder theatralische Aufführungen oder der Vortrag von Gedichten spielten. Außerdem hatte die italienische Gesellschaft eine ganze Reihe von Anlässen entstehen lassen, bei welchen eine öffentliche Ansprache als notwendiger Programmpunkt gefordert wurde. Eine Rede war erforderlich beim Begräbnis oder bei der Trauung prominenter Persönlichkeiten, für eine ganze Reihe öffentlicher Zeremonien, wie dem Amtsantritt eines Magistrats oder die Begrüßung eines bedeutenden ausländischen Besuchers, und bei akademischen Gelegenheiten, wie bei der Eröffnung des Schuljahres oder einer Vorlesungsreihe, der Verleihung eines akademischen Grades, um nur ein paar der verbreitetsten Arten von Anlässen zu nennen. Kein Wunder, daß die überlieferte Literatur der Reden der Humanisten so groß ist, und dabei stellt sie offensichtlich nur einen kleinen Ausschnitt derer dar, die tatsächlich verfaßt und gehalten wurden. Wiederum war der Humanist eine Person, die dazu ausgebildet war, gut zu sprechen; er war als Verfasser von Reden gefragt, die entweder von ihm selbst oder von anderen vorgetragen werden sollten. Daher wurde von den humanistischen Kanzlern und Sekretären erwartet, daß sie für ihre Patrone oder Arbeitgeber neben Briefen auch Reden verfaßten, und da es für einen Gesandten gebräuchlich war, seine Mission mit einer öffentlichen Rede im Namen seiner Regierung einzuleiten, finden wir oft einen Humanisten, welcher wenn nicht als Hauptgesandter, so doch wenigstens als einer der untergeordneten Teilnehmer an der Gesandtschaft fungiert.

Der vierte Gegenstand der „studia humanitatis", Geschichte, war traditionsgemäß mit der Rhetorik verbunden, und auch während der Renaissance wurde sie gewöhnlich als ein Teil der Rhetorik gelehrt. Die antiken Geschichtsschreiber gehörten zu den bevorzugten Prosaschriftstellern, die in den Schulen durchgenommen wurden, und wieder war der praktische Zweck der Nachahmung mit dem Studium der Texte verbunden. Es war bei Fürsten, Regierungen und Städten der Brauch, einen Humanisten mit der Abfassung ihrer Geschichte zu beauftragen, und das Amt des offiziellen Historiographen war oft mit dem des Kanzlers oder

Rhetoriklehrers verbunden. Nach der Mitte des 15. Jahrhunderts wurde dieser Brauch von ausländischen Fürsten übernommen, und wir finden eine ganze Reihe italienischer Humanisten im Dienste ausländischer Könige als deren offizielle Biographen oder Geschichtsschreiber und manchmal auch als Sekretäre.

Der fünfte und letzte Zweig der „studia humanitatis", die Moralphilosophie, ist in gewissem Sinne der wichtigste und der einzige, der zum Bereich der Philosophie gehört. Vor allem ihrem Interesse an der Moralphilosophie verdanken die Humanisten, abgesehen von ihrer Tätigkeit als Geisteswissenschaftler und Schriftsteller, ihre Stellung in der Geschichte der Philosophie. Denn vieles aus dem Arbeitsbereich der Humanisten hatte nichts mit der Philosophie zu tun, und viel philosophisches Denken der Renaissance steht außerhalb des Bereichs des Humanismus, wie wir ihn zu definieren versuchten. Deshalb widerstrebt es mir, den Humanismus mit der Philosophie der Renaissance gleichzusetzen, wie einige Wissenschaftler zu tun geneigt waren. Der Anspruch, Moralphilosophen zu sein, wurde von den Humanisten seit Petrarcas Zeit erhoben, und einige von ihnen hatten tatsächlich neben den Universitätslehrstühlen für Rhetorik und Poetik auch den für Moralphilosophie inne.

Als die Humanisten durch die Angriffe engstirniger Theologen provoziert wurden, ihre Studien zu verteidigen, betonten sie ihre Beschäftigung mit moralischen und menschlichen Problemen und nahmen für sich in Anspruch, der Jugend neben der geistigen auch eine moralische Formung zu vermitteln, ein Anspruch, der auch in dem stolzen Terminus „studia humanitatis" zum Ausdruck kommt. Daher wird es uns nicht überraschen, eine starke moralistische Note im humanistischen Studium der Geschichte und der antiken Literatur vorzufinden und festzustellen, daß die Reden und anderen Werke der Humanisten mit moralischen Maximen reich bestückt sind. Aber die wichtigste Verkörperung dieses Aspekts des Humanismus stellt das große Korpus moralischer Traktate und Dialoge dar, die eine große Vielfalt von Gegenständen behandeln. Es sind darunter Traktate über die Glückseligkeit oder das höchste Gut, die die ethischen Systeme antiker Philosophen wiederaufnehmen, und über einzelne Tugenden, Laster und Passionen. Andere Werke behandeln die Pflichten eines Fürsten, eines Regierungsbeamten oder eines Bürgers, der Angehörigen bestimmter Berufe, der Frauen, der Eheleute. Andere Lieblingsthemen sind: Kindererziehung, Herkunft des Adels, die guten Seiten der verschiedenen Künste, Wissenschaften und Berufe sowie des aktiven und des kontemplativen Lebens in ihrem Verhältnis zueinander, die Würde des Menschen und das Verhältnis zwischen Glück, Schicksal und freiem Willen.

Die in diesen Traktaten geäußerten Ansichten sind nur selten originell, aber oft interessant und immer historisch bedeutend. In Übereinstimmung mit den Interessen der Humanisten war die auf Gelehrtheit und literarische Eleganz verwendete Sorgfalt mindestens genauso groß wie die der Formulierung präziser Gedanken gewidmete. Persönliche Meinungen und Beobachtungen aus dem zeitgenössischen Leben sind verwoben mit Wiederholungen oder Neuformulierungen antiker philosophischer Theorien. Was das Verhältnis zum antiken Denken anbelangt, so war die Tendenz ziemlich eklektisch, und die Humanisten machten mehr oder weniger ungebunden Anleihen bei vielen Autoren und Schulen. Aber es gibt daneben auch bedeutende Versuche, die Systeme bestimmter Autoren oder Schulen neu zu beleben und zu adaptieren. Sogar Aristoteles, den die Humanisten von der Scholastik übernahmen, aber in einen ganz anderen Kontext stellten, fand seine Bewunderer und Verteidiger, während die ethischen Ansichten Platons und der Neuplatoniker, der Stoiker, Epikureer und Skeptiker reger diskutiert und öfter übernommen wurden, als dies in den vorausgegangenen Jahrhunderten möglich gewesen war. Also hatten die humanistischen Gelehrten, auch wenn sie nicht ein Korpus systematischer Ideen hervorbrachten, eine fermentierende Wirkung im Bereich der Moralphilosophie und stellten eine gewaltige Menge weltlicher Ideen zur Diskussion, die die folgenden Jahrhunderte beeinflussen sollten und keineswegs durch die Reformation ausgetrieben wurden, wie so oft angenommen wird.

Bis jetzt haben wir versucht, dem Zyklus der „studia humanitatis" zu folgen und auf diese Weise die geistige Reichweite des Renaissancehumanismus zu umreißen, wie sie in den professionellen Tätigkeiten und literarischen Erzeugnissen der Humanisten zum Ausdruck kommt. Ich hoffe, es ist deutlich geworden, daß das Ergebnis dieser Aktivitäten eine eigentümliche und einzigartige Kombination geistiger Interessen darstellt, die die gesamte Epoche auch außerhalb des Bereichs der humanistischen Studien entscheidend beeinflußt hat. Die Betonung moralischer und menschlicher Probleme, das literarische Ideal der Beredsamkeit und Poesie, das wissenschaftliche Studium der klassischen Autoren, die als unentbehrliche Vorbilder zur Nachahmung dienten, alle diese Faktoren waren in der Tätigkeit der Humanisten so miteinander vereint, daß die einzelnen Fäden oft nur schwer voneinander zu trennen sind. Wir haben die klassischen Studien der Humanisten vor allem im Bezug auf die lateinischen Klassiker besprochen. Wir müssen nun ein paar Worte über die Rolle und Entwicklung der griechischen Studien in der Renaissance hinzufügen.

Die Stellung des Griechischen im Renaissancehumanismus unterscheidet sich in manchem von der des Lateinischen, und einige der sich widerstreitenden Ansichten über die klassische Gelehrsamkeit in der Renaissance leiten sich von der Aufmerksamkeit her, die die verschiedenen Wissenschaftler entweder der lateinischen oder der griechischen Gelehrtheit der Epoche zugewandt haben. Das Lateinische als die lebende Sprache der Wissenschaft und Literatur war schließlich vom Mittelalter überkommen, und das Studium der lateinischen Grammatik und die Lektüre wenigstens einiger römisch-klassischer Autoren war von der Antike an niemals unterbrochen worden. Daher könnten die von den Humanisten auf dem Gebiet der lateinischen Studien herbeigeführten Innovationen weniger radikal erscheinen, obwohl es falsch wäre, ihre immensen Leistungen zu unterschätzen: den Versuch, das geschriebene Latein zu reformieren, es von „Barbarismen" zu reinigen und es wieder so nahe wie möglich dem antiken klassischen Gebrauch anzunähern; die bedeutende quantitative Vermehrung der antiken römischen Texte, die nun gelesen und studiert, kommentiert, abgeschrieben und gedruckt wurden; und die gewaltige Produktion an neulateinischer Poesie und Prosa in einer großen Vielfalt literarischer Gattungen, die in ihrer eigenen Zeit und bis ins 18. Jahrhundert äußerst erfolg- und einflußreich war.

Auf dem Gebiet der griechischen Studien waren solche mittelalterlichen Vorbedingungen fast überhaupt nicht gegeben. In den Jahrhunderten des Mittelalters gab es nirgendwo im westlichen Europa eine Kontinuität des Griechischunterrichts; griechische Bücher waren in westlichen Bibliotheken fast gar nicht vorhanden, außer in den Regionen Süditaliens und Siziliens, wo nach wie vor Griechisch gesprochen wurde; die Zahl der Gelehrten, die Griechisch lernten, war gering, und die Texte, die zwischen dem 11. und dem frühen 14. Jahrhundert aus dem Griechischen ins Lateinische übersetzt wurden, waren entweder theologisch oder auf dieselben Gebiete beschränkt, die für die arabische Rezeption der griechischen Kultur bezeichnend waren, nämlich Naturwissenschaften und Pseudonaturwissenschaften, aristotelische Philosophie und ein wenig neuplatonische Philosophie. Auf dem Gebiet der griechischen Studien war also der Beitrag der Humanisten viel einschneidender als im Lateinischen und wurde erst in der Periode spürbar, die wir als die zweite Phase des Renaissancehumanismus bezeichnen können. Die Folge war die Einführung des Griechischunterrichts in den Universitäten und Schulen Westeuropas und die allmähliche Verbreitung, Erforschung, Übersetzung und Interpretation des gesamten Korpus der antiken griechischen Literatur. Die westlichen Gelehrten wurden jetzt nicht mehr nur mit griechischen naturwissenschaftlichen Schriften oder mit Aristoteles konfrontiert, sondern auch mit den anderen griechischen Philosophen, mit den Dichtern, Rednern und Geschichtsschreibern und sogar mit einem Großteil der griechischen patristischen Literatur. Gewiß, das Mittelalter kannte Vergil und Ovid, Cicero und Aristoteles; aber wir verdanken dem Renaissancehumanismus unsere Kenntnis des Lukrez und Tacitus, Homer und Sophokles, Platon und Plotin.

Aber so wichtig diese Beiträge zum Studium des Griechischen auch waren, sie hatten nicht die Reichweite und den Einfluß der Innovationen auf dem Gebiet der lateinischen Studien. Auch in der Renaissance konnten weniger Leute Griechisch als Latein, und noch weniger konnten Griechisch so gut wie Latein. Daher waren die griechischen Autoren in lateinischen Übersetzungen oder in zweisprachigen Ausgaben (Griechisch und Latein) weiter verbreitet als in den Originaltexten als solchen. Darüber hinaus waren die Fälle, in denen westeuropäische Humanisten versuchten Griechisch zu schreiben, äußerst selten, und der praktische Nutzen einer griechischen Korrespondenz war nach dem Fall Konstantinopels 1453 kaum mehr gegeben. Das Studium der griechischen Sprache und Literatur hatte also von Anfang an eher einen rein wissenschaftlichen Charakter als das des Lateinischen; es fehlte ihm die weite literarische und praktische Bedeutung, die das Lateinstudium noch für mehrere weitere Jahrhunderte beibehielt.

Im Lichte dessen, was ich darzustellen versuchte, wird man es leicht verstehen können, wenn ich sage, daß die literarische Produktion der Humanisten voller bedeutender Ideen ist, daß es aber keine einzelne philosophische oder theologische Ansicht, geschweige denn ein System von Ansichten gibt, die allen Renaissancehumanisten gemeinsam wäre. Wann immer wir in dem Werk eines Humanisten eine interessante Meinung entdecken, müssen wir darauf gefaßt sein, die genau entgegengesetzte These von einem anderen Humanisten oder sogar von demselben Humanisten in einem anderen Textabschnitt vertreten zu sehen. Darüber hinaus ist ein weiter Bereich der humanistischen Literatur für die Geschichte der Philosophie überhaupt nicht relevant, z.B. die Dichtung und Geschichtsschreibung der Humanisten, ihre Übersetzungen und Kommentare und viele ihrer Reden. Daher mögen alle Versuche der Definition eines bürgerlichen oder eines christlichen Humanismus für eine bestimmte Gruppe von Humanisten gültig sein, bieten uns aber keinerlei Hilfe für den Versuch, die humanistische Bewegung als Ganze zu verstehen. Denn ein Großteil der humanistischen Literatur ist nicht bürgerlich, sondern despotisch oder nicht auf politisches Denken bezogen; und ein Großteil ist nicht christlich, sondern ohne Beziehung zu religiösen Gegenständen. Das Studium der „humanitates" war zu einem Beruf geworden, wie Jurisprudenz, Medizin, Mathematik, Logik und Naturphilosophie es schon seit einiger Zeit waren. Außer den humanistischen Schriften, die ausdrücklich von religiösen oder theologischen Themen handeln, ist die humanistische Philosophie nur in der Bedeutung des Wortes christlich, daß sie von christlichen Autoren stammt, so wie Thomas von Aquin nicht, wie Gilson uns suggerieren will, ein christlicher Philosoph ist, sondern ein christlicher Theologe und ein aristotelischer Philosoph. Mit diesen Feststellungen möchte ich keineswegs implizieren, daß der Renaissancehumanismus in irgendeiner Hinsicht heidnisch oder anti-christlich gewesen sei, wie er oft genannt wurde. Er stellte sich der Religion oder der Theologie nicht auf ihrem eigenen Terrain entgegen; vielmehr schuf er einen weiten Bereich weltlicher Bildung, Literatur und Denkart, die mit Theologie und Religion koexistierten.

Nachdem ich den Renaissancehumanismus so objektiv geschildert habe, wie es mir möglich war, will ich nun versuchen, die Frage nach seinen Vorbedingungen im Mittelalter zu beantworten. Die Antwort ist z.T. in dem bereits Gesagten implizit enthalten, aber ich will versuchen, sie explizit zu formulieren. Meiner Ansicht nach gibt es im Grunde drei mittelalterliche Traditionen, die zum Aufstieg des Renaissancehumanismus beigetragen haben: die „ars dictaminis“ des mittelalterlichen Italien; das Studium der Grammatik, Poesie und der klassischen römischen Autoren, wie es in den Schulen des mittelalterlichen Frankreich gepflegt wurde; und das Studium der klassischen griechischen Sprache, Literatur und Philosophie, wie es im byzantinischen Reich betrieben wurde.

Die „ars dictaminis“ war die Theorie und Praxis des Briefeschreibens, die in der mittelalterlichen Bildung und Gelehrsamkeit mindestens seit Mitte des 11. Jahrhunderts eine wichtige Stelle einnahmen. Genauso wie ein Notar mit Hilfe von Regeln und Modellen ausgebildet wurde, Verträge und andere rechtsgültige Dokumente in korrekter Form abzufassen, wurden die Sekretäre und Kanzleibeamten von Päpsten, Bischöfen, Fürsten und Städten ausgebildet, staatliche und geschäftliche Briefe mit Hilfe von Regeln zu verfassen, die aus der antiken Rhetorik genommen und adaptiert worden waren, und Modellen, die entweder fiktiv waren oder auf berühmten zeitgenössischen Beispielen basierten. Die praktische Seite der Angelegenheit wurde insofern berücksichtigt, als die Briefe nach Inhalt und Zweck geordnet waren, aber es entwickelte sich auch ein Interesse für die stilistischen Qualitäten der Diktion und Komposition. Dieses Interesse dehnte sich auch auf den Bereich der privaten und persönlichen Korrespondenz aus, vermutlich weil das Analphabetentum auch in den höheren Schichten der Bevölkerung weit verbreitet war und ein ausgebildeter „dictator“ viele Gelegenheiten fand, auf Nachfrage und vermutlich gegen Entgelt einen Liebesbrief oder eine persönliche Mitteilung zu liefern. Wegen ihrer großen praktischen Bedeutung tendierte die „ars dictaminis“ dazu, an vielen Schulen die Stelle der Rhetorik einzunehmen, eines antiken Faches, das in seinem Umfang viel weiter, aber dafür auch abstrakter und theoretischer war.

Die Entwicklung der „ars dictaminis“ läßt sich in vielen europäischen Ländern verfolgen, und es ist ein großes Korpus an diesbezüglicher Literatur erhalten, welche ursprünglich aus Deutschland, Spanien und vor allem aus Frankreich stammt. Aber auf diesem Gebiet hat, wie auch in der Medizin und Jurisprudenz, das mittelalterliche Italien eine hervorragende Stellung erlangt und beibehalten, die auf die Nähe der päpstlichen Kurie, den Aufstieg der Stadtrepubliken und die Verbindung zwischen dem „dictamen“ und dem blühenden Jurastudium zurückzuführen sein mag. Im 13. Jahrhundert wurde das „dictamen“ in seiner Zielsetzung und Bedeutung durch Hinzufügen eines anderen, verwandten Faches, der „ars arengandi“, erweitert. Die Aufgabe dieses Faches war es, das Verfassen öffentlicher Reden zu lehren, abermals mit Hilfe von Regeln und Modellen. Diese technische Entwicklung weltlicher Redekunst war spezifisch italienisch und stand offensichtlich mit dem öffentlichen Leben in den Stadtrepubliken in Beziehung sowie mit den sich entwickelnden Bräuchen und Institutionen der verschiedenen Regierungen und Universitäten. Ausgehend vom 13. Jahrhundert erscheint ein immer größer werdendes Korpus von Modellreden und Regeln zur Abfassung von Reden, und in dieser Literatur, die zuerst knapp und bescheiden war, finden wir bereits die meisten Genres, die für die Rhetorik der Humanisten bezeichnend sein sollten: Reden anläßlich von Beerdigungen oder Hochzeiten, Ansprachen der Gesandten, Eröffnungsvorlesungen und Promotionsreden. Diese literarische Entwicklung beginnt einige Zeit vor dem Aufkommen des Renaissancehumanismus, und ein Teil der Rhetorik setzt sich sogar nach dem Einsetzen der humanistischen Bewegung eine Zeitlang in seiner mittelalterlichen Form fort. Trotzdem halte ich den Schluß für notwendig, daß die Humanisten, zumindest in einigen wichtigen Aspekten ihrer Tätigkeit, die Nachfolger der mittelalterlichen „dictatores“ waren. Sie übernahmen dieselben beruflichen Positionen als Kanzler und Sekretäre, die ihre Vorläufer innegehabt hatten, und sie übernahmen die beiden literarischen Genres, die mit diesen Berufen verbunden und weiterhin von großer praktischer Bedeutung blieben: den Brief und die Rede.

Trotzdem waren die Briefe und Reden der mittelalterlichen Kanzler, obwohl sie für ähnliche Anlässe und Zwecke verfaßt waren, in Stil und Diktion ganz anders als die der Humanisten, und es fehlte ihnen fast gänzlich an dem, was den besonderen Stolz der Humanisten ausmachen sollte: klassische Eleganz und Bildung. Wenn wir die mittelalterlichen Quellen des humanistischen Studiums der klassischen lateinischen Literatur finden wollen, müssen wir anderwärts danach Ausschau halten. Der Elementarunterricht in der lateinischen Grammatik, kombiniert mit der Lektüre einiger weniger klassischer Autoren, bildete natürlich in Italien und anderswo den unentbehrlichen Kern des mittelalterlichen Schulunterrichts, aber das fortgeschrittene Studium der lateinischen Dichter und Prosaiker und die Bemühung, sie beim Verfassen von Versen und Prosa nachzuahmen, war seit der Karolingerzeit eine Besonderheit der Schulen des Nordens, vor allem der französischen Domschulen. Bis ins 12., ja sogar ins 13. Jahrhundert weisen die Schulurkunden, Bibliothekskataloge, Kommentare zu klassischen lateinischen Autoren und Übungen in lateinischer Dichtung, kurzum das gesamte Korpus unserer Belege, in die gleiche nördliche Richtung. Aber mit dem Aufkommen der Scholastik und der Universität von Paris im 13. Jahrhundert begannen die klassischen und literarischen Studien in Frankreich abzunehmen.

Ganz gegen Ende des 13. Jahrhunderts beginnen sie in Italien aufzukommen, wo sie bislang nicht besonders gediehen waren. Von dieser Zeit an brachte Italien ununterbrochen ein ständig anwachsendes Korpus an klassischen Manuskripten und Kommentaren sowie an lateinischer Dichtung und Prosa hervor, angeregt durch die Imitation klassischer Vorbilder. Gleichzeitig wurde das Studium der Poesie und der römischen klassischen Autoren im zunehmenden Maß zum festen Bestandteil des Kurrikulums italienischer Universitäten und machte einen immer größeren Teil der Schulerziehung aus. Als dieses neu aus Frankreich importierte Studium der Poesie mit der mittelalterlichen italienischen Tradition der formalen Rhetorik, des Verfassens von Briefen und Reden kombiniert und kontaminiert wurde, erschien der Renaissancehumanismus in vielen seiner charakteristischen Aspekte auf der Bildfläche. Dies geschah ganz zu Beginn des 14. Jahrhunderts, wenn nicht noch früher, mit Albertino Mussato in Padua und Giovanni del Virgilio in Bologna. Petrarca war nicht der Vater des Humanismus und auch nicht der erste Humanist, vielmehr nur der erste große Vertreter einer Bewegung, die mindestens eine Generation vor seiner Zeit begonnen hatte.

Bevor der Renaissancehumanismus seine volle Größe erreichte, mußte ein weiterer Faktor hinzukommen: das Studium des Griechischen. Im 14. Jahrhundert kannten die meisten italienischen Humanisten nur wenig oder gar kein Griechisch, und es gab fast überhaupt keinen Griechischunterricht. Weder Petrarca noch Salutati hatten nennenswerte Griechischkenntnisse, und ihre Bildung basierte ausschließlich auf lateinischen Quellen oder auf griechischen Schriften, die in lateinischen Übersetzungen vorlagen. Ein erster bescheidener Anfang wurde um 1360 gemacht, als Boccaccio in die Wege leitete, daß Leontius Pilatus einige öffentliche Lektionen im Griechischen erteilte und Homer ins Lateinische übersetzte. Von größerer Bedeutung waren die Aktivitäten des hervorragenden byzantinischen Gelehrten Manuel Chrysoloras, der ganz gegen Ende des 14. Jahrhunderts in Florenz und an anderen italienischen Universitäten lehrte. Nach 1400 wurde Griechisch an vielen italienischen Universitäten unterrichtet, und nach der Mitte des 15. Jahrhunderts begann das Studium des Griechischen sich auch in den anderen westlichen Ländern auszubreiten. Die ersten Griechischlehrer waren entweder byzantinische Gelehrte, die schon lange vor dem Fall Konstantinopels begonnen hatten, nach Italien zu kommen, aber deren Zahl nach diesem katastrophalen Ereignis stark zunahm, oder aber italienische Gelehrte, die in Konstantinopel bei byzantinischen Professoren studiert hatten, wie das bei Guarino und Filelfo der

Fall war. Alle diese Gelehrten brachten ganze Bibliotheken griechischer klassischer Manuskripte mit sich in den Westen und halfen, in den verschiedenen westeuropäischen Schulen Zentren griechischer Bildung zu gründen, die viele Jahrhunderte lang, manchmal bis in unsere Zeit bestehen bleiben sollten.

Wir können also ohne Übertreibung feststellen, daß die griechische Bildung der Renaissancehumanisten, die einen so bedeutenden Teil ihres Beitrages ausmacht, in gewissem Maße ein Erbe des byzantinischen Mittelalters ist. Denn im griechischen Osten Europas hatte es das ganze Mittelalter hindurch eine ziemlich ungebrochene Tradition klassisch-griechischer Bildung gegeben. Während sich die gesprochene Sprache genauso weit von dem antiken Griechisch entfernte wie die romanischen Sprachen vom Latein, wurde das klassische Griechisch weiterhin gelehrt, gelesen und geschrieben. Homer, Platon und andere klassische Autoren wurden abgeschrieben, gelesen, kommentiert und auf diese Weise erhalten. Die Auswirkungen dieser Tradition auf die Kultur der Renaissance in Westeuropa sind noch nicht hinreichend erforscht. Dabei waren die ersten für westeuropäische Studenten verfaßten griechischen Grammatiken entweder von byzantinischen Gelehrten geschrieben oder von italienischen Gelehrten, die in Konstantinopel ausgebildet worden waren. Die Auswahl und Anordnung der griechischen Autoren, die an den Schulen gelesen und für die Studenten gedruckt wurden, scheinen die byzantinische Praxis widerzuspiegeln. Und der Inhalt des byzantinischen Lehrprogramms, in dem Aristoteles zusammen mit Platon und den Dichtern und die Philosophie (bei verhältnismäßiger Vernachlässigung des Studiums der Logik und der Naturphilosophie) zusammen mit der Grammatik und Rhetorik gelehrt wurden, ähnelt mehr dem Zyklus der „studia humanitatis" als dem gesamten Lehrprogramm der mittelalterlichen und Renaissanceuniversitäten Westeuropas.

Ich habe versucht, so knapp wie möglich darzustellen, daß die mittelalterlichen Vorbedingungen des Renaissancehumanismus nicht in den Traditionen der scholastischen Philosophie und Theologie zu suchen sind, wo einige Historiker sie zu finden meinten, sondern vielmehr in drei anderen Traditionszweigen, welche im gewohnten Bild der mittelalterlichen Kultur viel weiter am Rande stehen: der italienischen praktischen Rhetorik, der französischen Grammatik und Poesie sowie der griechischen Gelehrsamkeit der Byzantiner. Jede dieser drei Traditionen verdient vermutlich größere Aufmerksamkeit und Betonung in der Mittelalterforschung, als sie manchmal erhalten hat.

Dennoch möchte ich nicht den Eindruck erwecken, daß der Renaissancehumanismus, weil er diesen mittelalterlichen Voraussetzungen verpflichtet war, nichts weiter bedeutete als mittelalterliches „dictamen" oder französischer Grammatikunterricht und Pflege der Dichtung oder byzantinische Gelehrsamkeit.

Auch wenn wir uns mit den verschiedenen Phasen ein und derselben Tradition befassen, enthalten die späteren Phasen immer neue und andere Aspekte, die nicht vollständig auf ihre Vorläufer zurückführbar sind, eine Tatsache, die wegen der Tendenz der meisten zeitgenössischen Historiker, nur die ersten Anfänge einer Entwicklung zu studieren und ihre Fortsetzung und die späteren Phasen zu vernachlässigen, oft außer acht gelassen wird. In unserem besonderen Fall legt schon die Tatsache, daß drei verschiedene Strömungen sich vereinigten, nahe, daß der daraus resultierende Strom viel breiter und reicher war als seine Quellen und daher ganz von ihnen verschieden.

Diese beisteuernden Quellen erklären zwar in gewissem Umfang die allgemeine Struktur des Renaissancehumanismus, nicht aber den tatsächlichen Reichtum und die Qualität seiner literarischen Produktion, den spezifischen Einfluß der verschiedenen klassischen Formen und Gedanken, die in seinem Fahrwasser zirkulierten, oder die neuen Ideen, die innerhalb dieses allgemeinen Rahmens aufkamen und sich entwickelten. Sie erklären nicht den hohen Rang und das Prestige, das die „studia humanitatis“ im Verlauf der Renaissance erlangten, und ihren vielfältigen Einfluß auf alle Aspekte der Renaissancekultur, sei es auf die Künste, die Literatur, die Philosophie, die Naturwissenschaft und alle anderen Wissenszweige oder auf die Religion, die Theologie, die moralische und politische Theorie und Praxis der Zeit. Aber wenn man sie zusammen berücksichtigt, erklären diese Quellen den allgemeinen Rahmen, innerhalb dessen sich der Renaissancehumanismus entwickelte; sie erklären sogar einige seiner Grenzen, z.B. die viele Historiker sehr überraschende Unfähigkeit, die voll ausgearbeitete Struktur der Scholastik und des Universitätswesens umzustoßen und zu ersetzen. Denn der Humanismus hat die mittelalterlichen Traditionen der Disziplinen außerhalb der „studia humanitatis“ lediglich ergänzt und modifiziert, und nur in diesem Sinne bezeichnete der Humanismus eine neue Phase in der Geschichte der Theologie, der Jurisprudenz, der spekulativen Philosophie und der Naturwissenschaften.

Anmerkungen

Kapitel 1. PETRARCA

1. Petrarca, *Le traité De sui ipsius et multorum ignorantia,* hg. v. L.M. Capelli (Paris 1906), S. 77; übers. v. H. Nachod in E. Cassirer u.a., Hg., *The Renaissance Philosophy of Man* (Chicago 1948), S. 113. Hieronymus, „Epistola ad Eustochium", in seinen *Epistolae,* Teil 1, n.22, Abs. 30, hg. v. I. Hilberg (Wien 1910), S. 190.

2. *Secretum,* Buch II in Petrarca, *Prose,* hg. v. G. Martellotti u.a. (Mailand und Neapel 1955), S. 122.

3. Ebd. (hg. v. Martellotti, S. 98).

4. „philosophie principem", hg. v. Capelli, S. 72 (übers. v. Nachod, S. 107).

5. „A maioribus Plato, Aristotiles laudatur a pluribus", hg. v. Capelli, S. 75 (übers. v. Nachod, S. 111). Vgl. Petrarca, *Rerum Memorandarum Libri,* Buch I, Kap. 25, Abs. 12, hg. v. G. Billanovich (Florenz 1943), S. 28: „alios fortassis a pluribus, Platonem certe a melioribus laudatum."

6. *Trionfo della fama,* Kap. III, Vers 4–7:
   Volsimi da man manca e vidi Plato
   Che'n quella schiera andò più presso al segno
   Al qual aggiunge cui dal cielo è dato;
   Aristotele poi, pien d'alto ingegno.
   Eine abweichende Version dieses Gedichtes (Vers 7–9) bei R. Weiss, *Un inedito Petrarchesco* (Rom 1950), S. 55:
   Ivi vidi colui che pose idea
   Ne la mente divina, e chi di questo
   E d'altre cose seco contendea.

7. Dante, *Inferno,* IV, 131–35:
   Vidi'l maestro di color che sanno
   Seder tra filosofica famiglia.

Tutti lo miran, tutti onor li fanno:
Quivi vid'io Socrate e Platone,
Che'nnanzi alli altri più presso li stanno.

Petrarcas Nachahmung und Veränderung dieser Verse Dantes scheint bewußte Absicht zu sein. Für einen Vergleich der zitierten Stellen Dantes und Petrarcas s. auch G. Di Napoli, *L'immortalità dell'anima nel Rinascimento* (Turin 1963), S. 62.

8. Hg. v. Capelli, S. 67 (übers. v. Nachod, S. 102). Vgl. *Rer. Mem.*, Buch II, Kap. 31 (hg. v. Billanovich, S. 64–65).

9. Hg. v. Capelli, S. 71–72 (übers. v. Nachod, S. 107).

10. Ebd., S. 77 (übers. v. Nachod, S. 113).

11. Ebd., S. 78 (übers. v. Nachod, S. 115).

12. Petrarca, *Epistolae Rerum Familiarium*, Buch VI, Nr. 2 in *Le Familiari*, hg. v. V. Rossi und U. Bosco (Florenz 1933–42), II, 55–60, auf S. 55.

13. Ebd., Buch XVII, Nr. 1 (hg. v. Rossi u. Bosco, III, 221–30, auf S. 224).

14. Ebd., Buch IV, Nr. 1 (hg. v. Martellotti, S. 830–44, auf S. 840; übers. v. Nachod, S. 44; hg. v. Rossi u. Bosco, I, 153–61, auf S. 159).

15. *Rer. Mem.*, Buch I, Kap. 19, Abs. 4 (hg. v. Billanovich, S. 19): „velut in confinio duorum populorum constitutus ac simul ante retroque prospiciens". Vgl. T.E. Mommsen, *Medieval and Renaissance Studies*, hg. v. E.F. Rice (Ithaca, N.Y. 1959), S. 128.

16. „sola videndi insignem loci altitudinem cupiditate ductus", hg. v. Martellotti, S. 830 (übers. v. Nachod, S. 36).

17. L. Thorndike, „Renaissance or Prenaissance?", *Journal of the History of Ideas*, IV (1943), 65–74, auf S. 71–72.

18. *Secretum*, Buch II (hg. v. Martellotti, S. 106–28).

19. Ebd. (hg. v. Martellotti, S. 106): „aliquid licet falsi dulcoris immixtum est... atra quadam cum voluptate".

20. E.H. Wilkins, „On Petrarch's Accidia and His Adamantine Chains", *Speculum*, XXXVII (1962), 589–94; S. Wenzel, „Petrarch's *Accidia*", *Studies in the Renaissance*, VIII (1961), 36–48; K. Heitmann, *Fortuna und Virtus: Eine Studie zu Petrarcas Lebensweisheit* (Köln und Graz 1958), S. 102–4 (in dem andere Stellen zitiert werden, der entscheidende Abschnitt aus dem *Secretum* aber nicht erwähnt wird).

21. Hg. v. Martellotti, S. 840 (übers. v. Nachod, S. 44); vgl. Augustinus, *Confessiones*, Buch X, Kap. 8.

22. Ebd.; vgl. Seneca, *Epistolae morales*, VIII, 5. Das Seneca-Zitat wurde weder von Rossi (I, 159) noch von E. Bianchi (der für diesen Teil der *Prose* verantwortlich zeichnet) nachgewiesen, sondern von Nachod gefunden. S. auch G.A. Levi, „Pensiero classico e pensiero cristiano nel Petrarca", *Atene e Roma*, XXXIX (1937), 77–101, auf S. 86.

23. Hg. v. Capelli, S. 24–25 (übers. v. Nachod, S. 58–59).

24. Cicero, *Pro Murena*, 29, 61; *Pro Archia*, 1, 3; vgl. *De Re Publica*, I, 17, 28. Gellius, *Noctes Atticae*, XIII, 17; C. Salutati, *Epistolario*, hg. v. F. Novati, Bd. IV, Teil 1 (Rom 1905), S. 216: „connexa sunt humanitatis studia" (diesen Stellennachweis verdanke ich Prof. Charles Trinkaus). Vgl. Cicero, *Pro Archia*, 1, 2: „omnes artes quae ad humanitatem pertinent habent quoddam commune vinculum et quasi cognatione quadam inter se continentur". S. auch Salutati, *Epistolario*, hg. v. F. Novati, Bd. I (Rom 1891), S. 179, 229, 248; Bd. III (Rom 1896), S. 330, 517, 599; Bd. IV, Teil 1, S. 119, 159. Vgl. A. v. Martin, *Coluccio Salutati und das humanistische Lebensideal* (Leipzig und Berlin 1916), S. 106 u. 108. S. auch Leonardo Brunis Vorwort zu seiner Übersetzung des Briefes des Hl. Basilius über die Lektüre heidnischer Autoren in Bruni, *Humanistisch-Philosophische Schriften*, hg. v. H. Baron (Leipzig und Berlin 1928), S. 100.

25. Hg. Capelli, S. 90 (übers. v. Nachod, S. 126).

26. Ebd., S. 45 (übers. v. Nachod, S. 80).

27. Ebd., S. 70 (übers. v. Nachod, S. 105–6).

28. Ebd., S. 78–79 (übers. v. Nachod, S. 115).

Kapitel 2. VALLA

1. B.L. Ullman, *The Origin and Development of Humanistic Script* (Roma 1960); J. Wardrop, *The Script of Humanism* (Oxford 1963). In Wardrops Buch werden nur einige späte Phasen der Schrift behandelt.

2. P.O. Kristeller, „The European Diffusion of Italian Humanism", *Italica*, XXXIX (1962), 1–20.

3. J.E. Sandys (*A History of Classical Scholarship*, Bd. II, Cambridge 1908, S. 89) erwähnt, ohne Quellenangabe, eine lateinische Thucydides-Übersetzung von Leonardo Bruni, aber meines Wissens hat es nie eine solche Übersetzung gegeben.

4. E. Garin, Hg., *Prosatori latini del Quattrocento* (Mailand 1952), S. 600.

5. Boethius, *De consolatione philosophiae*, V, 3–4.

6. Valla, *De libero arbitrio,* hg. v. Maria Anfossi (Florenz 1934), S. 38–53; hg. v. Garin, S. 552–64; übers. v. C. Trinkaus in E. Cassirer u.a., Hg., *The Renaissance Philosophy of Man* (Chicago 1948), S. 174–82.

7. „...il n'étoit pas moins Philosophe, qu'Humaniste", *Essais de Théodicée,* Abs. 405.

8. Hg. v. Anfossi, S. 7–10; hg. v. Garin, S. 524–26; übers. v. Trinkaus, S. 155–56.

9. Valla, *Opera omnia* (Basel 1540 und Turin 1962), S. 896–999. S. Maristella De Panizza Bové (Mrs. Lorch), „Le tre redazioni del *De voluptate* del Valla", *Giornale storico della letteratura italiana,* CXXI (1943), 1–22, und „Le tre versioni del *De vero bono* del Valla", *Rinascimento,* VI (1956), 349–64.

10. *Opera omnia,* S. 977 (Buch III, Kap. 9): „Nam utramvis consequi possumus, utramque non possumus. Quae sunt inter se contraria, ut coelum et terra, anima et corpus."

11. Ebd., S. 985 (Kap. 20–21).

12. Ebd., S. 966–67 (*De voluptate,* Buch III, Kap. 2); S. 665–67 (*Dialecticae Disputationes,* Buch I, Kap. 10).

13. Ebd., S. 896–97.

14. Cosimo Raimondi (gest. 1435) verteidigte in einem Brief den Epikureismus; Text s. E. Garin, Hg., *Filosofi italiani del Quattrocento* (Florenz 1942), S. 134–48. Zum Einfluß des Epikureismus auf Ficino s. P.O. Kristeller, *Il pensiero filosofico di Marsilio Ficino* (Florenz 1953), S. 14; Ficino, *Opera omnia* (Basel 1576 und Turin 1959), S. 1009–10 *(De voluptate);* P.O. Kristeller, Hg., *Supplementum Ficinianum* (Florenz 1937), II, 81–87.

15. Valla, *Opera omnia,* S. 897.

16. Ebd., S. 978 (Kap. 11); vgl. S. 980 (Kap. 14).

17. Ebd., S. 907 (Buch I, Kap. 10).

18. Ebd.

19. Ebd., S. 960 (Buch II, Kap. 39).

20. Ebd., S. 997–98.

21. Ebd., S. 651 (Buch I, Kap. 3); S. 684–85 (Kap. 17); S. 707 (Buch II, Kap. 10); S. 708–9 (Kap. 11); S. 714–15 (Kap. 16).

22. Ebd., S. 693–94.

23. Walter J. Ong, *Ramus: Method, and the Decay of Dialogue* (Cambridge, Mass. 1958). S. auch Neal W. Gilbert, *Renaissance Concepts of Method* (New York 1960).

Kapitel 3. FICINO

1. Ficino, *Opera omnia*, S. 119; P.O. Kristeller, *Il pensiero filosofico di Marsilio Ficino* (Florenz 1953), S. 102 (*The Philosophy of Marsilio Ficino*, New York 1943, S. 106).
2. *Opera omnia*, S. 121; Kristeller, *Il pensiero*, S. 118 (*The Philosophy*, S. 120).
3. Kristeller, *Il pensiero*, S. 238–39 (*The Philosophy*, S. 224–25), sowie die dort zitierten Stellen.
4. Ebd., S. 289–96 (S. 270–76).
5. Ebd., S. 311–25 (S. 289–303).
6. *Opera omnia*, S. 872 und 1537; Kristeller, *Il pensiero*, S. 20 (*The Philosophy*, S. 29).
7. Zur Lehre von der Unsterblichkeit in der Renaissancephilosophie s. G. Di Napoli, *L'immortalità dell'anima nel Rinascimento* (Turin 1963).
8. Kristeller, *Il pensiero*, S. 358–78 (*The Philosophy*, S. 331–48).
9. Ebd., S. 282–89, 296–310 (S. 263–70, 276–88). S. auch die in der Bibliographie verzeichneten Arbeiten von Robb, Festugière, Jayne und John Nelson.
10. Kristeller, *Il pensiero*, S. 342–45 (*The Philosophy*, S. 316–19).
11. Ebd., S. 346–49 (S. 320–23).
12. Ebd., S. 16–20 (S. 25–29).
13. Steucos Werk wurde im 16. Jahrhundert mehrmals neu aufgelegt. Zu beachten ist, daß seine Auffassung von der *philosophia perennis* die aristotelische, die jüdische und christliche Tradition mit einschließt, wodurch er Pico näher steht als Ficino.
14. A.M. Festugière, *La philosophie de l'amour de Marsile Ficin et son influence sur la littérature française au XVIe siècle* (Paris 1941); W. Moench, *Die italienische Platonrenaissance und ihre Bedeutung für Frankreichs Literatur und Geistesgeschichte* (Berlin 1936).
15. Matthias Meier, *Descartes und die Renaissance* (Münster 1914).
16. Kristeller, *Il pensiero*, S. 110, 160 (*The Philosophy*, S. 112–13, 152).
17. Kap. 9, hg. v. J. Shawcross (Oxford 1907), I, 94; vgl. die Anm. auf S. 241. Zur divergierenden Meinung des Philologen Lobeck s.u., Kapitel 4, Anm. 19.

Kapitel 4. PICO

1. Zum Text des Briefes Picos an Ermolao s. E. Garin, Hg., *Prosatori latini del Quattrocento* (Mailand 1952), S. 804–23 (Ermolaos Antwort ebd., S. 844–63). Zur englischen

Übersetzung der Briefe Picos, Ermolaos und Melanchthons s. Q. Breen, „Giovanni Pico della Mirandola on the Conflict of Philosophy and Rhetoric", *Journal of the History of Ideas,* XIII (1952), 384–426.

2. Breen, ebd.

3. Pico, *Opera* (Basel 1572), S. 63–113 *(Conclusiones).*

4. Pico, *De hominis dignitate, Heptaplus, De ente et uno, e Scritti vari,* hg. v. E. Garin (Florenz 1942), S. 138–62; *Apologia,* in *Opera,* S. 117–24; s. auch den frühen Entwurf zur *Oratio* in E. Garin, *La cultura filosofica del Rinascimento italiano* (Florenz 1961), S. 238–40.

5. Joseph L. Blau, *The Christian Interpretation of the Cabala in the Renaissance* (New York 1944); F. Secret, „Pico della Mirandola e gli inizi della Cabala cristiana", *Convivium,* n.s., XXV (1957), 31–47; F. Secret, *Le Zôhar chez les Chrétiens de la Renaissance* (Paris 1958); G. Scholem, *Zur Geschichte der Anfänge der christlichen Kabbala* in *Essays Presented to Leo Baeck* (London 1954), S. 158–93; F. Secret, *Les Kabbalistes Chrétiens de la Renaissance* (Paris 1964).

6. R. Klibansky, „Plato's *Parmenides* in the Middle Ages and the Renaissance", *Medieval and Renaissance Studies,* Vol. I, Teil 2 (1943), S. 281–330.

7. *De ente et uno,* Kap. 4–5 und 8–9 (Pico, *De hominis dignitate,* hg. v. Garin, S. 400–422 und 426–38).

8. *Opera,* S. 256–312.

9. Salutati, *De laboribus Herculis,* hg. v. B.L. Ullman, 2 Bd. (Zürich 1951).

10. P.O. Kristeller, Hg., *Supplementum Ficinianum* (Florenz 1937), I, 80–82.

11. Pico, *De hominis dignitate,* hg. v. Garin, S. 546, 556, 581. Vgl. Aristoteles, *Metaphysik,* I 3, 983b 27–32; III 4, 1000a 9–19; XII 6, 1071b 26–27.

12. Hg. v. Garin, S. 104–6 (übers. v. Elizabeth L. Forbes in E. Cassirer u.a., Hg., *The Renaissance Philosophy of Man,* S. 224–25).

13. Hg. v. Garin, S. 266–86, 300–304.

14. Pico, *Disputationes adversus Astrologiam,* Buch III, Kap. 1, 5 und 24, hg. v. Garin, Bd. I (Florenz 1946), S. 178, 210, 386. S. E. Cassirer, „Giovanni Pico della Mirandola", *Journal of the History of Ideas,* III (1942), 123–44, 319–46.

15. Kepler, *Harmonia mundi,* Buch IV, Kap. 7, in *Gesammelte Schriften,* hg. v. M. Caspar, Bd. VI (München 1940), S. 266; s. auch S. 285. Diese Hinweise verdanke ich Prof. Edward Rosen.

16. Buch III, Kap. 27 (hg. v. Garin, I, 416). S. E. Cassirer, *Individuum und Kosmos in der Philosophie der Renaissance* (Leipzig und Berlin 1927, Repr. Darmstadt 1962), S. 124–26.

17. Kap. 5 (hg. v. Garin, I, 406–22).

18. Brief an Aldus (1490): „philosophia veritatem quaerit, theologia invenit, religio possidet" (*Opera*, S. 359).

19. Chr.A. Lobeck, *Aglaophamus* (Königsberg 1829), I, 407.

20. *Noctes Atticae*, XIII, 17: „quod vulgus existimat...; non vulgo dicitur..."

Kapitel 5. POMPONAZZI

1. F. Edward Cranz, *Alexander Aphrodisiensis* in P.O. Kristeller, Hg., *Catalogus Translationum et Commentariorum* (Washington, D.C. 1960), S. 77–135; F.E. Cranz, „The Prefaces to the Greek Editions and Latin Translations of Alexander of Aphrodisias, 1450 to 1575", *Proceedings of the Amerian Philosophical Society*, CII (1958), 510–46.

2. Pomponazzi, *De fato*, hg. v. R. Lemay (Lugano 1957), S. 262.

3. Kap. 12, *De naturalium effectuum causis sive de incantationibus* (Basel 1556), S. 267–69; ebenso in *Opera* (Basel 1567), S. 248–51.

4. Hg. v. Lemay, S. 453.

5. Pomponazzi, *De immortalitate animae*, hg. v. G. Morra (Bologna 1954), S. 36; übers. v. W.H. Hay in E. Cassirer u.a., Hg., *The Renaissance Philosophy of Man* (Chicago 1948), S. 281.

6. Ebd., S. 48–68 (übers. v. Hay, S. 286–97).

7. Ebd., S. 82 (übers. v. Hay, S. 302–3).

8. Ebd., S. 232–38 (übers. v. Hay, S. 377–81).

9. Ebd., S. 168 (übers. v. Hay, S. 345).

10. Ebd., S. 184–96 (übers. v. Hay, S. 353–59). Zum Unterschied zwischen spekulativ, praktisch und produktiv (wenn auch nicht auf den Intellekt bezogen) s. Aristoteles, *Topik*, VI 6, 145a 15–16; *Metaphysik*, VI 1, 1025b 25. Zum theoretischen und praktischen Intellekt s. *De anima*, III 10, 433a 14–15.

11. Hg. v. Morra, S. 200–204 (übers. v. Hay, S. 361–63).

12. Ebd., S. 224–26 (übers. v. Hay, S. 373–75).

13. S. F. Garasse, *La doctrine curieuse des beaux esprits de ce temps* (Paris 1624), S. 1010; P.O. Kristeller, „El mito del ateísmo renacentista y la tradición francesa del librepensamiento", *Notas y Estudios de Filosofía*, IV (Tucumán 1953), 1–14.

14. P. Bayle, *Dictionnaire historique et critique*, XII (Paris 1820), S. 226–44.

15. J. Presser, *Das Buch „De Tribus Impostoribus"* (Amsterdam 1926); *De tribus impostoribus*, hg. v. G. Bartsch (Berlin 1960).

Kapitel 6. TELESIO

1. Cardano, *De propria vita*, Kap. 44 (*Ma vie*, hg. v. J. Dayre, Paris 1936, S. 136): „In naturali philosophia sustuli ignem ab elementorum numero."

2. H. Rigault, *Histoire de la Querelle des Anciens et Modernes*, in *Oevres complètes*, Bd. I (Paris 1859); H. Gillot, *La Querelle des Anciens et des Modernes en France* (Paris 1914); O. Diede, *Der Streit der Alten und Modernen in der englischen Literaturgeschichte des XVI. und XVII. Jahrhunderts* (Greifswald 1912); Richard F. Jones, *Ancients and Moderns* (St. Louis, Mo. 1936); G. Margiotta, *Le origini italiane de la Querelle des Anciens et des Modernes* (Rom 1953); J. Delvaille, *Essai sur l'histoire de l'idée de progrès jusqu' à la fin du XVIIIe siècle* (Paris 1910); J.B. Bury, *The Idea of Progress* (London 1920).

3. Telesio, *De rerum natura*, hg. v. V. Spampanato, 3 Bde. (Modena 1910–23), I, 1–4.

4. Ebd., I, 5–6.

5. Ebd., II, 93–94.

6. Ebd., I, 105 (Buch I, Kap. 29).

7. Zu Telesios Raumbegriff s. E. Cassirer, *Erkenntnisproblem*, I (1911), S. 258–60; M. Jammer, *Concepts of Space* (New York 1960), S. 83–84. Diese Autoren versäumen jedoch, darauf hinzuweisen, daß Telesio wiederholt das aristotelische „locus" durch „spatium" ersetzt (Buch I, Kap. 25–28, hg. v. Spampanato, I, 86–102). Z.B. folgende Sätze: „inane vacuumque spatium" (hg. v. Spampanato, S. 86); „spatium porro, quod corpore nullo prorsus repletum ac propterea inane vacuumque sit" (ebd., S. 87); „quoniam vero spatium quod antiquioribus nobisque positum est, penitus incorporeum est" (ebd., S. 96). Vgl. J.C. Scaliger, *De subtilitate* (Frankfurt 1592), Buch V, Kap. 3, S. 15–16: „In suo spatio quod occupat". Johannes Buridan (*Quaestiones super libros IV De caelo et mundo*, Buch I, qu.17, hg. v. E.A. Moody, Cambridge, Mass. 1942, S. 77–82) stellt die Frage, „videtur quod extra caelum sit spatium infinitum", und verneint sie.

8. Die Reihenfolge ist Ort (Kap. 1–5), Vacuum (Kap. 6–9), Zeit (Kap. 10–14).

9. „novorum hominum primum agnoscimus", *De principiis atque originibus,* in *The Works of Francis Bacon,* hg. v. J. Spedding, R.L. Ellis und D.D. Heath, Bd. III (London 1876), S. 114.

10. S. sein *Del senso delle cose e della magia,* hg. v. A. Bruers (Bari 1925).

11. Ein Brief Patrizis an Telesio mit Kommentaren von Telesio wurde von F. Fiorentino (*Bernardino Telesio,* Bd. II, Florenz 1874, S. 375–98) veröffentlicht, offensichtlich aus cod. XIV F 43 aus der Biblioteca Nazionale in Neapel.

Kapitel 7. PATRIZI

1. S.o., Kapitel 6, Anm. 11.

2. J.Th. Papademetriou, „The Sources and the Character of *Del Governo de' Regni*", *Transactions and Proceedings of the American Philological Association,* XCII (1961), 422–39, auf S. 434–35.

3. B. Weinberg, *A History of Literary Criticism in the Italian Renaissance* (Chicago 1961), I, 600–620; II, 997–1000.

4. Patrizi, *L'Amorosa Filosofia,* hg. v. John C. Nelson (Florenz 1963); vgl. John C. Nelson, „*L'Amorosa Filosofia* di Francesco Patrizi da Cherso", *Rinascimento,* XIII (1962), 89–106.

5. E. Maffei, *I trattati dell'arte etorica dal Rinascimento al secolo XVII* (Neapel 1897); Beatrice Reynolds, „Shifting Currents in Historical Criticism", *Journal of the History of Ideas,* XIV (1953), 471–92.

6. Weinberg, II, 765–86; 1024–25. Die unveröffentlichten Teile, die in Parma, Bibliotheca Palatina, ms. Pal. 408, 417 und 421 erhalten sind, werden von Dr. Danilo Aguzzi für eine kritische Ausgabe vorbereitet.

7. Prof. Harold Cherniss machte mich darauf aufmerksam, daß dieser Kommentar nicht im Berliner Korpus griechischer Kommentatoren zu Aristoteles (*Commentaria in Aristotelem Graeca,* 23 Bde., Berlin 1882–1907) enthalten ist. Der griechische Text dieses unveröffentlichten Kommentars ist jetzt nur noch in einem späten Manuskript (Wien, Nationalbibliothek, cod. Phil. gr. 189) erhalten (vgl. A. Wartelle, *Inventaire des manuscrits grecs d'Aristote et de ses commentateurs,* Paris 1963, S. 167, Nr. 2214). Patrizis lateinische Übersetzung, 1583 in Ferrara gedruckt, basierte auf einem älteren Manuskript, das Patrizi 1576 Philipp II. für den Escorial verkauft hatte (E. Jacobs, „Francesco Patricio und seine Sammlung griechischer Handschriften in der Bibliothek des Escorial", *Zentralblatt für Bibliothekswesen,* Bd. XXV, 1908, S. 40, Nr. 48); 1671 wurde es durch Feuer zerstört (R. Beer, „Die Handschriftenschenkung Philipps II. an den Escorial

vom Jahre 1576", *Jahrbuch der Kunsthistorischen Sammlungen des Allerhöchsten Kaiserhauses,* Bd. XXIII, Teil 2, 1903, S. 43–44). Nach Prof. Cherniss könnte es sich bei dem anonymen Kommentar in Urbinas graecus 49 in der Vatikanischen Bibliothek um dasselbe Werk handeln.

8. *De numerorum mysteriis* (1594), an Kard. Federico Borromeo, in Mailand, Biblioteca Ambrosiana, cod. H 180 inf., f. 142–72.

9. Biblioteca Vaticana, ms. Barb. gr. 179 und 180.

10. Zu diesem Text s. Plotin, *Opera,* hg. v. P. Henry und H.-R. Schwyzer, Bd. II (Paris und Brüssel 1959), S. XXVII–XXXI. Dieses Werk wurde erstmals von Moses Rovas ins Lateinische übersetzt, von Petrus Nicolaus Castellanus revidiert und 1519 in Rom veröffentlicht. Patrizi ließ es 1591 im Appendix seiner *Nova de universis philosophia* unter dem Titel *Mystica Aegyptiorum et Chaldaeorum a Platone voce tradita, ab Aristotele excepta et conscripta philosophia* (sic) wieder drucken.

11. Mehrere kurze Traktate zu Platon und Aristoteles enthält der Anhang der *Nova de universis philosophia* (1591). Auf dem Titelblatt werden sie folgendermaßen bezeichnet: *Capita demum multa in quibus Plato concors, Aristoteles vero Catholicae fidei adversarius ostenditur.*

12. S. L. Firpo, „Filosofia italiana e controriforma", *Rivista di Filosofia,* XLI (1950), 150–73 und XLII (1951), 30–47; T. Gregory, „L'Apologia ad Censuram di Francesco Patrizi", *Rinascimento,* IV (1953), 89–104; T. Gregory, *L',Apologia' e le ,Declarationes' di F. Patrizi* in *Medioevo e Rinascimento: Studi in onore di Bruno Nardi* (Florenz 1955), I, 385–424. Handschriften von Patrizis Verteidigungsschrift befinden sich in der Biblioteca Vaticana (ms. Barb. lat. 318) und in Parma (ms. Pal. 665). Ein weiterer Text, überschrieben *Emendatio,* wird im Archivio dell' Indice aufbewahrt und von Firpo (S. 167) zitiert.

13. S. den Brief, hg. v. A. Solerti, „Autobiografia di Francesco Patricio da Cherso", *Archivio storico per Trieste, l'Istria, e il Trentino,* III (1884–86), 275–81; vgl. P.O. Kristeller, *Studies in Renaissance Thought and Letters* (Rom 1956), S. 290.

14. Vgl. Cassirer, *Erkenntnisproblem,* I, 260–67, 398–402.

15. Parma, ms. Pal. 665, u.a.

16. Ich hoffe, eines Tages die *Nova de universis philosophia* und die unveröffentlichten Traktate und Briefe Patrizis untersuchen und herausgeben zu können.

17. *De opificio mundi,* Abs. 31.

18. VI 507e–508c; VII 514a–517c.

19. C. Baeumker, *Witelo* in *Beiträge zur Geschichte der Philosophie des Mittelalters* Bd. III, Teil 2 (Münster 1908), S. 357–425.

20. Ficinus, *De sole et lumine (Opera omnia,* I, 965–86, Erstdruck 1493). Der Abschnitt *De sole* existiert in einer kürzeren Fassung, gewidmet Eberhard v. Württemberg (Stuttgart, ms. HB XV 65, gedr. Tübingen 1547), und *De lumine* in einer kürzeren Fassung, veröffentlicht unter den Briefen (*Opera omnia,* I, 717–20). Zum selben Themenbereich gehört auch die *Orphica comparatio solis ad Deum* (ebd., S. 825–26). Zu den textkritischen Problemen s. Kristeller, Hg., *Supplementum Ficinianum,* I, cxi–cxv, 72–77.

21. Thomas Gianninius, *De lumine et speciebus spiritalibus...* (Ferrara 1615).

22. Kristeller, *Il pensiero,* S. 102–5 (*The Philosophy,* S. 106–8).

23. Buch I. Vgl. Lukrez, *De rerum natura,* III, 94–167.

24. Plotin, *Enneaden,* IV, 3, 1–6.

25. Buch II, f. 66: „Tempus enim post motum vel cum motu est, motus post corpora et cum corporibus."

26. Buch I, f. 61^{v}: „Physicorum vero probatissimi dixerunt corpus naturale esse quod constat ex longitudine, latitudine, profunditate et antitypia, quod est resistentia"; s. Diogenes Laertius, X, 54; *Epicurea,* hg. v. H. Usener (Leipzig 1887), fragm. 275, S. 195–96. Besonders wichtig sind die Stellen in Sextus Empiricus' *Adversus mathematicos* (X, 240, 257 und XI, 226), in denen der Terminus *antitypia* wiederholt verwendet wird.

27. Enn., VI, 1–3.

28. Anaximenes; s. H. Diels, *Die Fragmente der Vorsokratiker,*^{4} (Berlin 1922), Bd. I, S. 22 unter A5.

29. A. Koyré, *From the Closed World to the Infinite Universe* (New York 1958), S. 31.

30. Vgl. E. Rosen, *Renaissance Science as Seen by Burckhardt and His Successors,* in T. Helton, Hg., *The Renaissance* (Madison, Wis. 1961), S. 77–103.

Kapitel 8. BRUNO

1. A. Mercati, *Il sommario del processo di Giordano Bruno* (Città del Vaticano 1942), S. 55–119; vgl. meine Anzeige in *Journal of the History of Ideas,* VIII (1947), 240. Unter einer großen Anzahl von Anklagepunkten betrifft nur einer die Vielheit der Welten (Nr. 82–97, S. 79–83), nur einer handelt von der Ewigkeit der Welt (Nr. 101–9, S. 84–85), und die Bewegung der Erde wird nur als Teil einer anderen Anklage erwähnt (Nr. 256, S. 117).

2. Helga Hajdu, *Das mnemotechnische Schrifttum des Mittelalters* (Wien 1936); L. Volkmann, „Ars memorativa", *Jahrbuch der Kunsthistorischen Sammlungen in Wien* (N.S. III, 1929, 111–200); s. auch Paolo Rossi, *Clavis universalis: Arti mnemoniche e logica*

combinatoria da Lullo a Leibniz (Mailand 1960), und Frances A. Yates, *Giordano Bruno and the Hermetic Tradition* (London und Chicago 1964).

3. S. die Arbeiten von Rossi und Yates.

4. S. John C. Nelson, *Renaissance Theory of Love* (New York 1958).

5. Mercati, Nr. 254, S. 114. An dieser Stelle sagt Bruno, daß die Seele von Gott komme und zu ihm zurückkehre.

6. Teil I, Dialog 3 in *Dialoghi morali,* hg. v. G. Gentile (Bari 1908), S. 332–46; *Des fureurs héroïques,* hg. v. P.-H. Michel (Paris 1954), S. 177–99.

7. Dialog 4 (Gentile, S. 347–66; Michel, S. 205–37).

8. *Dialoghi metafisici,* hg. v. G. Gentile (Bari 1925), S. 176; übers. v. S. Greenberg in *The Infinite in Giordano Bruno* (New York 1950), S. 109.

9. Hg. v. Gentile, S. 177–78 (übers. v. Greenberg, S. 110–11). Vgl. Aristoteles, *Metaphysik,* XII 4, 1070b 22–23.

10. Hg. v. Gentile, S. 179 (übers. v. Greenberg, S. 111).

11. Ebd., S. 179–81 (übers. v. Greenberg, S. 112–13).

12. Ebd., S. 182 (übers. v. Greenberg, S. 114).

13. Ebd., S. 181–94 (übers. v. Greenberg, S. 113–22).

14. Ebd., S. 204 (übers. v. Greenberg, S. 128).

15. Ebd., S. 222 (übers. v. Greenberg, S. 141).

16. Ebd., S. 223 (übers. v. Greenberg, S. 142).

17. Ebd., S. 224 (übers. v. Greenberg, S. 142).

18. Ebd., S. 232 (übers. v. Greenberg, S. 148).

19. Ebd., S. 239 (übers. v. Greenberg, S. 153).

20. Ebd., S. 247–53 (übers. v. Greenberg, S. 160–64).

21. Ebd., S. 256 (übers. v. Greenberg, S. 166).

22. Ebd., S. 254 (übers. v. Greenberg, S. 165).

23. S.o., Anm. 5.

24. A. Koyré, *From the Closed World to the Infinite Universe* (New York 1958), S. 35–54.

25. Ebd., S. 33.

26. Ebd., S. 35–39.

27. *Dialoghi metafisici,* hg. v. G. Gentile, S. 288–89; übers. v. Dorothy W. Singer in *Giordano Bruno: His Life and Thought* (New York 1950), S. 250–51.

28. Ebd., S. 294 (übers. v. Singer, S. 257).

29. Ebd., S. 298 (übers. v. Singer, S. 261–62).

30. Ebd., S. 338–39 (übers. v. Singer, S. 302).

31. Ebd., S. 349–51 (übers. v. Singer, S. 311–13).

32. Ebd., S. 371–79, 406–7 (übers. v. Singer, S. 330–39, 366–67).

33. Ebd., S. 373; vgl. S. 349–51, 371–72 (übers. v. Singer, S. 332; vgl. S. 311–13, 330–31).

34. Ebd., S. 368; vgl. S. 340 (übers. v. Singer, S. 328; vgl. S. 303–4).

35. Ebd., S. 338 (übers. v. Singer, S. 302).

36. Ebd., S. 352 und 362; vgl. S. 338–40 (übers. v. Singer, S. 314 und 323; vgl. S. 302–4).

37. Ebd., S. 345–47 (übers. v. Singer, S. 308–9).

38. Ebd., S. 343 und 362 (übers. v. Singer, S. 306 und 323).

39. Ebd., S. 351–52 und 361 (übers. v. Singer, S. 313–14 und 322).

Bibliographische Übersicht*

Eine Bibliographie zum Thema der Renaissance-Philosophie im allgemeinen findet man bei F. Überweg, *Grundriß der Geschichte der Philosophie,* Bd. III (12. Aufl. von M. Frischeisen-Köhler und W. Moog, Berlin 1924). P.O. Kristeller und J.H. Randall, Jr., „The Study of the Philosophies of the Renaissance", *Journal of the History of Ideas,* II (1941), 449–496. T. Helton (Hg.), *The Renaissance* (Madison, Wi 1961). Unter den allgemeinen Arbeiten über die Renaissance enthält das Werk von J. Burckhardt, *Die Kultur der Renaissance in Italien* (zahlreiche Auflagen) viel über den Humanismus, aber wenig über die anderen philosophischen Strömungen, während J.A. Symonds' *Renaissance in Italy* (zahlreiche Auflagen) eine ausführliche Darstellung des Gegenstandes bietet, aber weitgehend überholt ist. Von den allgemeinen Geschichten der Philosophie enthalten G. De Ruggero, *Storia della filosofia* (mehrere Auflagen), F. Copleston, *A History of Philosophy* (Bd. III, Ockham to Suarez, Westminster, Md. 1953) und besonders John H. Randall, Jr., *The Career of Philosophy* (New York 1962) eine umfassende Darstellung der Renaissance-Philosophie. A.A. Maurer, *Medieval Philosophy* (New York 1962) enthält eine vollständige Darstellung von Ficino und Pomponazzi. Eine systematische Darstellung der italienischen Renaissance-Philosophie bietet E. Garin, *La filosofia* (2 Bde., Mailand 1947) und *L'Umanesimo italiano* (Bari 1952) sowie G. Saitta, *Il pensiero italiano nell'umanesimo e nel Rinascimento* (3 Bde., Bologna 1949–51).

Die folgenden Werke sind weniger vollständig oder systematisch angelegt, behandeln jedoch wichtige Aspekte des Themas: F. Fiorentino, *Il risorgimento filosofico del Quattrocento* (Neapel 1885). W. Dilthey, „Auffassung und Analyse des Menschen im 15. und 16. Jahrhundert" (erstmals veröffentlicht 1890–92), in *Gesammelte Schriften,* Bd. II (Leipzig und Berlin 1914), S. 1–89. G. Gentile, *La filosofia* (Mailand 1904–15) revidiert unter dem Titel *Storia della filosofia italiana,* in *Opere complete* (Florenz 1961); G. Gentile, *Studi sul Rinascimento* (2. Aufl., Florenz 1936); G. Gentile, *Il pensiero italiano del Rinascimento* (3. Aufl., Florenz 1940). E. Cassirer, *Das Erkenntnisproblem,* Bd. I (2. Aufl., Berlin 1911); E. Cassirer, *Individuum und Kosmos in der Philosophie der Renaissance* (Leipzig und Berlin 1927, abgedr. Darmstadt 1962). G. Toffanin, *Storia dell'umanesimo* (3 Bde. Bologna 1950). E. Garin, *La*

* Für diese Ausgabe vom Verfasser neu bearbeitet; ich danke Eileen McIlwaine und Anita Lowry von der Columbia University Library für ihre Hilfe.

cultura filosofica del Rinascimento italiano (Florenz 1961). P.O. Kristeller, *Studies in Renaissance Thought and Letters* (Rom 1956); *Renaissance Thought and Its Sources* (New York 1979). *Humanismus und Renaissance*, hg. v. E. Kessler (2 Bde., München 1974–76). C. Vasoli, *Umanesimo e rinascimento* (Palermo 1969). H. Védrine, *Les philosophies de la Renaissance* (Paris 1971). Eine *Cambridge History of Renaissance Philosophy* (hg. v. Ch.B. Schmitt) ist in Vorbereitung.

Anthologien: E. Garin (Hg.), *Filosofi italiani del Quattrocento* (Florenz 1942); Ders. (Hg.), *Prosatori latini del Quattrocento* (Mailand 1952). E. Cassirer, P.O. Kristeller und J.H. Randall, Jr., *The Renaissance Philosophy of Man* (Englisch, mit Anmerkungen, Chicago 1948).

Zu wichtigen verwandten Aspekten der Kultur und des Geisteslebens der Renaissance vgl. die folgenden Werke:

E. v. Aster, *Raum und Zeit in der Geschichte der Philosophie und Physik* (München 1922).

H. Blumenberg, *Die Legitimität der Neuzeit* (Frankfurt 1966).

A. Buck, *Das Geschichtsdenken der Renaissance* (Krefeld 1957); *Zu Begriff und Problem der Renaissance* (Darmstadt 1969); Ders. (Hg.), *Renaissance-Reformation, Gegensätze und Gemeinsamkeiten* (Wiesbaden 1984).

E. Cochrane, *Historians and Historiography in the Italian Renaissance* (Chicago 1981).

G. Cotroneo, *I trattatisti dell'„Ars historica"* (Neapel 1971).

N.W. Gilbert, *Renaissance Concepts of Method* (New York 1960).

M. Jammer, *Concepts of Space* (Cambridge, Mass. 1954).

D.R. Kelley, *Foundations of Modern Historical Scholarship* (New York 1970).

George Kennedy, *Classical Rhetoric and Its Christian and Secular Tradition from Ancient to Modern Times* (Chapel Hill 1980).

A. Koyré, *From the Closed World to the Infinite Universe* (New York 1958).

P.O. Kristeller, *Renaissance Thought and the Arts* (Princeton 1980); „The Myth of Renaissance Atheism and the French Tradition of Free Thought", *Journal of the History of Philosophy*, 6 (1968), 233–243: *Studien zur Geschichte der Rhetorik und zum Begriff des Menschen in der Renaissance* (Göttingen 1981).

E. Maffei, *I trattati dell'arte storica dal Rinascimento al secolo XVII* (Neapel 1897).

T.E. Mommsen, *Medieval and Renaissance Studies*, hg. v. E.F. Rice (Ithaca 1959, abgedr. Westport 1982).

J.J. Murphy (Hg.), *Renaissance Eloquence* (Berkeley 1981).

G.A. Padley, *Grammatical Theory in Western Europe, 1500–1700* (Cambridge 1976).

R. Pfeiffer, *History of Classical Scholarship from 1300 to 1850* (Oxford 1976).

R.H. Popkin, *The History of Scepticism from Erasmus to Spinoza* (Berkeley 1979).

B. Reynolds, „Shifting Currents of Historical Criticism", in *Renaissance Essays*, hg. v. P.O. Kristeller und P.P. Wiener (New York 1968), 115–130.

E.F. Rice, *The Renaissance Idea of Wisdom* (Cambridge, Mass. 1958).

W. Risse, *Die Logik der Neuzeit 1* (Stuttgart 1964).

G. Ronconi, *Le origini delle dispute umanistiche sulla poesia* (Rom 1976).

P.L. Rose, *The Italian Renaissance of Mathematics* (Genf 1975).

P. Rossi, *Clavis Universalis: Arti mnemoniche e logica combinatoria da Lullo a Leibniz* (Mailand 1960).
R. Sabbadini, *Le scoperte dei codici latini e greci ne' secoli XIV e XV* (2 Bde., Florenz 1905–14; hg. v. E. Garin, Florenz 1967).
J.E. Sandys, *A History of Classical Scholarship II* (Cambridge 1908).
C.B. Schmitt, *Cicero Scepticus* (Haag 1972).
F. Secret, *Les kabbalistes chrétiens de la renaissance* (Paris 1964).
Q. Skinner, *The Foundations of Modern Political Thought I* (Cambridge 1970).
L. Thorndike, *A History of Magic and Experimental Science* (8 Bde., New York 1923–58); *Science and Thought in the Fifteenth Century* (New York 1929).
G. Voigt, *Die Wiederbelebung des classischen Alterthums* (3. Aufl. von M. Lehnert, 2 Bde., Berlin 1893).
D.P. Walker, *Spiritual and Demonic Magic from Ficino to Campanella* (London 1958).
B. Weinberg, *A History of Literary Criticism in the Italian Renaissance* (2 Bde. Chicago 1962).
F.A. Yates, *The Art of Memory* (London und Chicago 1966).

Bibliographie zum Humanismus im allgemeinen:

Bibliographie internationale de l'Humanisme et de la Renaissance 1–16 (1966–84). Deutsche Forschungsgemeinschaft, Kommission für Humanismusforschung, Mitteilung 1–12 (Boppard 1975 – Weinheim 1984), besonders Mitteilung 2 (Boppard 1975): *Humanismusforschung seit 1945*. P.O. Kristeller, „Studies on Renaissance Humanism During the Last Twenty Years", *Studies in the Renaissance 9* (1962), 7–30. C. Trinkaus, „Humanism", *Encyclopedia of World Art 7* (New York 1963), Sp. 701–743.

Allgemeine Studien zum Humanismus:

H. Baron, *The Crisis of the Early Italian Renaissance* (2 Bde., Princeton 1955; umgearbeitet in einem Band, 1966); *From Petrarch to Leonardo Bruni* (Chicago 1968).
W.J. Bouwsma, *The Culture of Renaissance Humanism* (Washington 1973).
Q. Breen, *Christianity and Humanism*, hg. v. N.P. Ross (Grand Rapids 1968).
A. Buck, *Die humanistische Tradition in der Romania* (Homburg 1968); *Die Rezeption der Antike in den romanischen Literaturen der Renaissance* (Berlin 1976); *Studia humanitatis* (Wiesbaden 1981).
D. Geanakoplos, *Greek Scholars in Venice* (Cambridge, Mass. 1962).
E. Grassi, *Rhetoric and Philosophy, The Humanist Tradition* (University Park 1980); *Heidegger and the Question of Renaissance Humanism* (Binghamton 1983).
E. Kessler, *Das Problem des frühen Humanismus* (München 1968).
W. Kölmel, *Aspekte des Humanismus* (Münster 1981).
L. Martines, *The Social World of the Florentine Humanists, 1390–1460* (Princeton 1968).
W. Rüegg, *Cicero und der Humanismus* (Zürich 1946).
F. Schalk, *Das Publikum im italienischen Humanismus* (Krefeld 1955).
J. Seigel, *Rhetoric and Philosophy in Renaissance Humanism* (Princeton 1968).

C. Trinkaus, *Adversity's Noblemen* (New York 1940); *In Our Image and Likeness* (2 Bde., Chicago 1970); *The Scope of Renaissance Humanism* (Ann Arbor 1983).
B.L. Ullman, *Studies in the Italian Renaissance* (Rom 1955).
C. Vasoli, *La dialettica e la retorica dell'Umanesimo* (Mailand 1968).
R.G. Witt, *Hercules at the Crossroads* (Durham, N.C. 1983).

Kapitel 1. Petrarca

Textausgaben:

In der Edizione Nazionale sind nur einzelne Bände erschienen, vor allem *Le Familiari,* hg. v. V. Rossi und U. Bosco (4 Bde., Florenz 1933–42) und *Rerum Memorandarum Libri,* hg. v. G. Billanovich (Florenz 1943). Petrarca, *Prose,* hg. v. G. Martellotti u.a. (Mailand und Neapel 1955). *Le traité De sui ipsius et multorum ignorantia,* hg. v. L.M. Capelli (Paris 1906). R. Weiss, *Un inedito petrarchesco* (Rom 1950). *Invective contra medicum,* hg. v. P.G. Ricci (Rom 1950). *De otio religioso,* hg. v. G. Rotondi (Vatikan 1958). *De viris illustribus,* hg. v. G. Martellotti (Bd. 1, Florenz 1964). *Opera* (Basel 1554 und 1581, abgedr. Ridgewood, NJ 1965; 3 Bde.).

Zu Petrarcas Leben und Werken:

T.G. Bergin, *Petrarch* (New York 1970). G. Billanovich, *Petrarca letterato, 1: Lo scrittoio del Petrarca* (Rom 1947); *La tradizione del testo di Livio e le origini dell'umanesimo, 1: Tradizione e fortuna di Livio tra medioevo e umanesimo* (Padua 1981); *Un nuovo esempio delle scoperte e delle letture del Petrarca* (Krefeld 1954). M. Bishop, *Petrarch and His World* (Bloomington 1963). U. Bosco, *Francesco Petrarca* (Bari 1968). P. De Nolhac, *Pétrarque et l'humanisme* (2. Aufl., 2 Bde., Paris 1907); „De patrum et medii aevi scriptorum codicibus in bibliotheca Petrarcae olim collectis", *Revue des Bibliothèques,* 2 (1892), 241–279. P.P. Gerosa, *L'umanesimo agostiniano del Petrarca* (Turin 1927); *Umanesimo cristiano del Petrarca* (Turin 1966). E. Giuliani, *Allegoria retoricae poetica nel Secretum del Petrarca* (Bologna 1977). K. Heitmann, *Fortuna und Virtus: Eine Studie zu Petrarcas Lebensweisheit* (Köln und Graz 1958). E. Kessler, *Petrarca und die Geschichte* (München 1978). P.O. Kristeller, „Petrarcas Stellung in der Geschichte der Gelehrsamkeit", in *Italien und die Romania in Humanismus und Renaissance,* Festschrift für Erich Loos, hg. v. K.W. Hempfer und E. Straub (Wiesbaden 1983), 102–121. N. Mann, *Petrarch* (Oxford 1984). U. Mariani, *Il Petrarca e gli Agostiniani* (2. Aufl., Rom 1959). A. Michel, *Pétrarque et la pensée latine* (Avignon 1974). A. Petrucci, *La scrittura del Petrarca* (Vatikan 1967). E. Razzoli, *Agostinismo e religiosità del Petrarca* (Mailand 1937). F. Rico, *Vida u obra de Petrarca* (Padua 1974). F. Tateo, *Dialogo interiore e polemica ideologica nel ‚Secretum' del Petrarca* (Florenz 1965). E.H.R. Tatham, *Francesco Petrarca* (2 Bde., London 1925–26). C. Trinkaus, *The Poet as Philosopher* (New Haven 1979). C. Villa, *La „Lectura Terentii"*, Bd. 1: *Da Ildemaro a Francesco Petrarca* (Padua 1984). S. Wenzel, *The Sin of Sloth: Acedia in medieval thought and literature* (Chapel Hill 1967). J.H. Whitfield, *Petrarch and the Renascence* (Oxford 1943). E.H. Wilkins, *Studies in the Life and Works of Petrarch* (Cambridge, Mass. 1955); *Life of Petrarch* (Chicago 1961). Für die ältere Literatur,

s. N. Sapegno, *Il Trecento* (5. Aufl., Mailand 1948). Vgl. auch *Francesco Petrarca, Citizen of the World*, hg. v. A.S. Bernardo (Padua und Albany 1980). S. auch *Studi Petrarcheschi* (seit 1948) und *Quaderni Petrarcheschi* (seit 1983).

Kapitel 2. Valla

Textausgaben:

Lorenzo Valla, *Opera omnia* (Basel 1540), abgedr. mit wichtigen Ergänzungen (hg. v. E. Garin, Turin 1962); *De libero arbitrio* (hg. v. M. Anfossi, Florenz 1934; hg. v. J. Chomarat, Paris 1983); *The Treatise of Lorenzo Valla on the Donation of Constantine*, hg. v. C.B. Coleman (lat. und engl., New Haven 1922, abgedr. New York 1971); *Collatio Novi Testamenti*, hg. v. A. Perosa (Florenz 1970); *De vero falsoque bono*, hg. v. M. Lorch (Bari 1970); *De voluptate*, hg. v. M. Lorch, engl. von A.K. Hieatt (New York 1977); *Gesta Ferdinandi regis Aragonum*, hg. v. O. Besomi (Padua 1973); W. Setz, *Lorenzo Vallas Schrift gegen die Konstantinische Schenkung* (mit lateinischem Text, Tübingen 1975); *Antidotum primum (in Poggium)*, hg. v. A. Wesseling (Assen 1978); *Antidotum in Facium*, hg. v. M. Regoliosi (Padua 1981); *Repastinatio dialectice et philosophie*, hg. v. G. Zippel (2 Bde., Padua 1982); *Epistole*, hg. v. O. Besomi und M. Regoliosi (Padua 1984). *Scritti filosofici e religiosi*, hg.v. G. Radetti (ital., Florenz 1953). *The Profession of the Religious and the principal arguments from The Falsely-Believed and Forged Donation of Constantine* (engl. von O.Z. Pugliese, Toronto 1985).

Leben und Werke:

L. Barozzi und R. Sabbadini, *Studi sul Panormita e sul Valla* (Florenz 1891). S.I. Camporeale, *Lorenzo Valla, Umanesimo e Teologia* (Florenz 1972); *Lorenzo Valla tra Medioevo e Rinascimento* (Pistoia 1977). G. Di Napoli, *Lorenzo Valla* (Rom 1971). M. Fois, *Il pensiero cristiano di Lorenzo Valla nel quadro storico-culturale del suo ambiente* (Rom 1969). F. Gaeta, *Lorenzo Valla* (Neapel 1955). H.-B. Gerl, *Rhetorik als Philosophie, Lorenzo Valla* (München 1974). P. Giannantonio, *Lorenzo Valla, Filologo e Storiografo dell'Umanesimo* (Neapel 1972). G. Mancini, *Vita di Lorenzo Valla* (Florenz 1891). Die Akten eines Kongresses (*Lorenzo Valla e l'Umanesimo Italiano*, Parma 1984) sind im Druck.

Kapitel 3. Ficino

Zum Platonismus der Renaissance:

H.R. Hankins, *Latin Translations of Plato in the Renaissance* (Diss., Columbia University 1984). R. Klibansky, *The Continuity of the Platonic Tradition during the Middle Ages* (London 1939 und 1950, abgedr. München 1981). J.C. Nelson, *Renaissance Theory of Love* (New York 1958). N.A. Robb, *Neoplatonism of the Italian Renaissance* (London 1935). E.S. Tigerstedt, *The Decline and Fall of the Neoplatonic Interpretation of Plato* (Helsinki 1974). D.P. Walker, *The Ancient Theology* (London 1972).

Textausgaben:

Opera Omnia (2 Bde., Basel 1576, abgedr. Turin 1959). *Supplementum Ficinianum,* hg. v. P.O. Kristeller (2 Bde., Florenz 1937, abgedr. 1973). P.O. Kristeller, *Studies in Renaissance Thought and Letters* (Rom 1956), 55–97, 146–150. *Commentaire sur le banquet de Platon,* hg. v. R. Marcel (Paris 1956). H.D. Saffrey, „Notes platoniciennes de Marsile Ficin dans un ms.de Proclus", *Bibliothèque d'Humanisme et Renaissance,* 21 (1959), 167–184. Sears Jayne, *John Colet and Marsilio Ficino* (London 1963). *Théologie Platonicienne,* hg. v. R. Marcel (3 Bde., von denen der dritte auch Buch III der Briefe enthält, Paris 1964–70). *Teologia Platonica,* hg. und übers. von M. Schiavone (2 Bde., Bologna 1965). E. Cristiani, „Una inedita invettiva giovanile di Marsilio Ficino", *Rinascimento,* 17 (II 6, 1966), 209–222. L.G. Westerink, „Ficino's Marginal Notes on Olympiodorus in Riccardi Greek ms.37", *Traditio,* 24 (1968), 357–378. G.B. Alberti, „Marsilio Ficino e il codice Riccardiano 581", *Rinascimento,* 21 (1970), 187–193. *The Philebus Commentary,* hg. und übers. von M.J.B. Allen (Berkeley 1975). P. Shaw, „La versione ficiniana della ‚Monarchia'", *Studi Danteschi,* 51 (1978), 289–408. *De vita libri tres,* hg. v. M. Plessner und F. Klein-Franke (Hildesheim 1978). *Marsilio Ficino and the Phaedran Charioteer,* hg. und übers. von M.J.B. Allen (Berkeley 1981). M.J.B. Allen und R.A. White, „Ficino's Hermias Translation and a New Apologus", *Scriptorium,* 35 (1981), 39–47. *Über die Liebe,* übers. von K.P. Hasse, hg. v. P.R. Blum (Hamburg 1984).

Zu Ficinos Leben, Werk und Bedeutung:

A. Della Torre, *Storia dell'Accademia Platonica di Firenze* (Florenz 1902); A.M.J. Festugière, *La philosophie de l'amour de Marsile Ficin et son influence sur la littérature française au XVIe siècle* (Paris 1941); P.O. Kristeller, *Studies* (1956), 175–211; R. Marcel, *Marsile Ficin* (Paris 1958); S.J. Hough, „An Early Record of Marsilio Ficino", *Renaissance Quarterly,* 30 (1977), 301–304. *Marsilio Ficino e il Ritorno di Platone* (Ausstellungskatalog, Florenz 1984).

Zu Ficinos Philosophie:

M.J.B. Allen, „Ficino's Theory of the Five Substances and the Neoplatonists' ‚Parmenides'", *Journal of Medieval and Renaissance History,* 12 (1982), 19–44; *The Platonism of Marsilio Ficino: A Study of the Phaedrus Commentary* (Berkeley 1984). W. Beierwaltes, „Marsilio Ficinos Theorie des Schönen im Kontext des Platonismus", *Sitzungsberichte der Heidelberger Akademie der Wissenschaften,* Philosophisch-historische Klasse 1980, Nr. 11. E. Cassirer, „Ficino's Place in Intellectual History", *Journal of the History of Ideas,* 6 (1945), 483–501. A. Chastel, *Marsile Ficin et l'art* (Paris 1954). A.B. Collins, *The Secular is Sacred: Platonism and Thomism in Ficino's Platonic Theology* (Haag 1974). G. Di Napoli, *L'immortalità dell' anima nel Rinascimento* (Turin 1963). S. Gentile, „In margine all'Epistola ‚de divino furore' di Marsilio Ficino", *Rinascimento,* 23 (1983), 33–77. P.O. Kristeller, *The Philosophy of Marsilio Ficino* (übers. von V. Conant, New York 1943); *Il pensiero filosofico di Marsilio Ficino* (Florenz 1953, revidiert und reicher dokumentiert); *Die Philosophie des Marsilio Ficino* (Frankfurt 1972); „Some Original Letters and Autograph Manuscripts of Marsilio Ficino", in *Studi di Bibliografia e di Storia in onore di Tammaro de Marinis, 3* (Verona 1964), 5–33; „Marsilio Ficino as a Beginning Student of Plato", *Scriptorium,* 20 (1966), 41–54; *Le thomis-*

me et la pensée italienne de la Renaissance (Montreal 1967); „L'état présent des études sur Marsile Ficin", in *Platon et Aristote à la Renaissance* (Paris 1976), 59–77; „The First Printed Edition of Plato's Works and the Date of Its Publication", in *Science and History, Studies in Honor of Edward Rosen* (Studia Copernicana 16, Wroclaw 1978), 25–35; *Marsilio Ficino letterato e le glosse attribuite a lui nel codice Caetani di Dante* (Rom 1981); „Marsilio Ficino as a Man of Letters", *Renaissance Quarterly,* 36 (1983), 1–47. E.P. Mahoney, „Metaphysical Foundations of the Hierarchy of Being according to some Late Medieval and Renaissance Philosophers", in *Philosophies of Existence, Ancient and Medieval,* hg. v. P. Morewidge (New York 1982), 165–257. G. Saitta, *Marsilio Ficino e la filosofia dell'umanesimo* (3. Aufl., Bologna 1954). M. Schiavone, *Problemi filosofici in Marsilio Ficino* (Mailand 1957). M. Sicherl, „Druckmanuskripte der Platoniker-Übersetzungen Marsilio Ficinos", *Italia Medioevale e Umanistica,* 20 (1977), 323–339. A. Tarabochia Canavero, „S. Agostino nella Teologia Platonica di Marsilio Ficino", *Rivista di filosofia neo-scolastica,* 70 (1978), 626–646. G. Zanier, *La medicina astrologica e la sua teoria, Marsilio Finico e i suoi critici contemporanei* (Rom 1977). Die Akten eines Kongresses (*Marsilio Ficino e il Ritorno di Platone,* Neapel, Florenz und Figline 1984) sind im Druck.

Kapitel 4. Pico

Textausgaben:

De hominis dignitate, Heptaplus, De ente et uno, e Scritti vari, hg. v. E. Garin (Florenz 1942); *Disputationes adversus astrologiam divinatricem,* hg. v. E. Garin (2 Bde., Florenz 1946–52); *Opera omnia* (Basel 1553 und 1572, abgedr. Hildesheim 1969 und Turin 1971); *Carmina latina,* hg. v. W. Speyer (Leiden 1964); *Conclusiones,* hg. v. B. Kieszkowski (Genf 1973); *Sonetti* (Mailand 1981).

Studien:

E. Anagnine, *G. Pico della Mirandola* (Florenz 1937). E. Cassirer, „Giovanni Pico della Mirandola", *Journal of the History of Ideas,* 3 (1942), 123–144, 319–346. W.G. Craven, *Giovanni Pico della Mirandola, Symbol of His Age, Modern Interpretations of a Renaissance Philosopher* (Genf 1981). G. Di Napoli, *Giovanni Pico della Mirandola e la problematica dottrinale del suo tempo* (Rom 1965). L. Dorez und L. Thuasne, *Pic de la Mirandole en France (Paris 1897). A. Dulles, Princeps Concordiae, Pico della Mirandola and the Scholastic Tradition* (Cambridge, Mass. 1941). E. Garin, *Giovanni Pico della Mirandola* (Florenz 1937); *La cultura filosofica del Rinascimento italiano* (Florenz 1961); *Giovanni Pico della Mirandola* (Parma 1963). P. Kibre, *The Library of Pico della Mirandola* (New York 1936). H. de Lubac, *Pic de la Mirandole* (Paris 1974). J. V. de Pina Martin, *Jean Pic de la Mirandole* (Paris 1976). E. Monnerjahn, *Giovanni Pico della Mirandola* (Wiesbaden 1960). C. Wirszubski, *Giovanni Pico's Encounter with Jewish Mysticism* (im Druck). *L'opera e il pensiero di Giovanni Pico della Mirandola nella storia dell'umanesimo* (2 Bde., Florenz 1965, die Akten des Kongresses von 1963) enthält wichtige Studien, Texte und Bibliographien.

Kapitel 5. Pomponazzi

Zum Aristotelismus der Renaissance:
F.E. Cranz, *A Bibliography of Aristotle Editions, 1501–1600* (Baden-Baden 1971, 2. erw. Aufl. 1984). P.O. Kristeller, *La tradizione aristotelica nel Rinascimento* (Padua 1962). C.H. Lohr, „Renaissance Latin Aristotle Commentaries", *Studies in the Renaissance,* 21 (1974), 228–289; *Renaissance Quarterly,* 28 (1975), 689–741; 29 (1976), 714–745; 30 (1977), 681–741; 31 (1978), 532–603; 32 (1979), 529–580; 33 (1980), 623–734; 35 (1982), 164–256. E. Mahoney, „Neoplatonism, the Greek Commentators, and Renaissance Aristotelianism", in *Neoplatonism and Christian Thought,* hg. v. D.J. O'Meara (Albany 1982), 169–177. B. Nardi, *Sigeri di Brabante nel pensiero del Rinascimento italiano* (Rom 1945); *Saggi sull' aristotelismo padovano dal secolo XIV al XVI* (Florenz 1958). J.H. Randall, Jr., *The School of Padua and the Emergence of Modern Science* (Padua 1961). E. Renan, *Averroès et l'averroïsme* (Paris 1861, und viele andere Ausgaben). C.B. Schmitt, *A Critical Survey and Bibliography of Studies on Renaissance Aristotelianism, 1958–1969* (Padua 1971); *Aristotle and the Renaissance* (Cambridge, Mass. 1983). *Aristotelismo Veneto e scienza moderna,* hg. v. L. Olivieri (2 Bde., Padua 1983).
Textausgaben:
De immortalitate animae, hg. v. G. Gentile (Messina 1925); hg. v. G. Morra (Bologna 1954). *De fato,* hg. v. R. Lemay (Lugano 1957); *De naturalium effectuum causis sive de incantationibus* (Basel 1556 und in Opera, Basel 1567); *Tractatus acutissimi* (Venedig 1525). P.O. Kristeller, „Two Unpublished Questions on the Soul by Pietro Pomponazzi", *Medievalia et Humanistica,* 9 (1955), 76–101; 10 (1956), 151. *Corsi inediti dell'insegnamento padovano,* hg. v. A. Poppi (2 Bde., Padua 1966–70).
Studien:
D.C. Allen, *Doubt's Boundless Sea: Skepticism and Faith in the Renaissance* (Baltimore 1964), 29–45. A.H. Douglas, *The Philosophy and Psychology of Pietro Pomponazzi* (Cambridge 1910). F. Fiorentino, *Pietro Pomponazzi* (Florenz 1868). D.A. Jorio, „The Problem of the Soul and the Unity of Man in Pietro Pomponazzi", *The New Scholasticism,* 37 (1963), 293–311. P.O. Kristeller, *Aristotelismo e sincretismo nel pensiero di Pietro Pomponazzi* (Padua 1983). B. Nardi, *Studi su Pietro Pomponazzi* (Florenz 1965). M. Pine, *Pietro Pomponazzi, Radical Philosopher of the Renaissance* (im Druck). A. Poppi, *Saggi sul pensiero inedito di Pietro Pomponazzi* (Padua 1970). G. Zanier, *Ricerche sulla diffusione e fortuna del De incantationibus di Pomponazzi* (Florenz 1975).

Kapitel 6. Telesio

Zu den Naturphilosophen, s. die Arbeiten von Cassirer und Koyré in der allgemeinen Bibliographie.

Textausgaben:

De rerum natura, hg. v. V. Spampanato (3 Bde., Modena 1910–23); hg. v. L. De Franco (*Intorno alla natura,* lat. und ital., Cosenza 1965 und Reggio Calabria 1980); hg. v. C. Vasoli (Hildesheim 1971). *Varii de naturalibus rebus libelli,* hg. v. C. Vasoli (Hildesheim 1971); hg. v. L. De Franco (Florenz 1982).

Studien:

N. Abbagnano, *Telesio* (Brescia 1945). F. Fiorentino, *Bernardino Telesio* (2 Bde., Florenz 1872–74). N.C. Van Deusen, *Telesio: The First of the Moderns* (New York 1932).

Kapitel 7. Patrizi

Textausgaben:

Discussiones peripateticae (Basel 1581); *Nova de universis philosophia* (Ferrara 1591 und Venedig 1593, abgedr. mit einer serbo-kroatischen Übersetzung, Zagreb 1979). A. Solerti, „Autobiografia di Francesco Patrizi da Cherso", *Archivio storico per Trieste, l'Istria e il Trentino,* 3 (1884–86), 275–281. T. Gregory, „L'Apologia ad Censuram di Francesco Patrizi", *Rinascimento,* 4 (1953), 89–104; „L',Apologia' e le ,Declarationes' di Francesco Patrizi", in *Medioevo e Rinascimento, Studi in onore di Bruno Nardi* (Florenz 1955) I, 385–424. *L'Amorosa filosofia,* hg. v. J.C. Nelson (Florenz 1963). P. Zambelli, „Aneddoti Patriziani", *Rinascimento II,* 7 (1967), 309–318. *Della Poetica,* hg. v. D. Aguzzi Barbagli (3 Bde., Florenz 1969–71). „Emendatio in libros suos Novae Philosophiae", hg. P.O. Kristeller, *Rinascimento II,* 10 (1970), 215–218; *Lettere ed Opuscoli inediti,* hg. v. D. Aguzzi Barbagli (Florenz 1975). F. Purnell, Jr., „An Addition to Francesco Patrizi's Correspondence", *Rinascimento II,* 18 (1978), 135–149. S. Cavazza, „Una lettera inedita di Francesco Patrizi da Cherso", *Atti del Centro di Ricerche Storiche di Rovigno,* 9 (1978–79), 377–396. L. Bolzoni, „Il ,Badoaro' di Francesco Patrizi e l'Accademia Veneziana della Fama", *Giornale storico della letteratura italiana,* 158 (1981), 71–101.

Studien:

P.M. Arcari, *Il pensiero politico di Francesco Patrizi da Cherso* (Rom 1935). L. Bolzoni, *L'universo dei poemi possibili* (Rom 1980). B. Brickman, *An Introduction to Francesco Patrizi's Nova de universis philosophia* (New York 1941, mit Bibliographie). L. Firpo, „Filosofia italiana e controriforma", *Rivista di filosofia,* 41 (1950), 150–173; 42 (1951), 30–47. E. Garin, „Aneddoti di storia della cultura nel Rinascimento, 1. Note alla *Retorica* di Francesco Patrizi da Cherso", in *Umanesimo e Rinascimento* (Florenz 1980), 155–164. E. Jacobs, „Francesco Patrizi und seine Sammlung griechischer Handschriften in der Bibliothek des Escorial", *Zentralblatt für Bibliothekswesen,* 25 (1908), 19–47. M. Mucillo, „La vita e le opere di Aristotele nelle ,Discussiones Peripateticae' di Francesco Patrizi da Cherso", *Rinascimento,* 21 (1981), 53–119. J.C. Nelson, „L',Amorosa filosofia' di Francesco Patrizi da Cherso", *Rinascimento,* 13 (1962), 89–106. J. Th. Papademetriou, „The Sources and the Character of Del Governo de'Regni", *Transactions and Proceedings of the American Philological Association,* 92

(1961), 422–39 (besonders 434–435). V. Premec, *Franciskus Patricijus* (Belgrad 1968). E. Rosen, „Francesco Patrizi and the Celestial Spheres“, *Physis*, 26 (1984), 305–324. C. Vasoli, „Linguaggio, Retorica e Potere secondo Francesco Patrizi“, in *Le pouvoir et la plume* (Paris 1982), 285–300 (mit vielen Literaturangaben).

Für weitere Bibliographie: Lega Nazionale di Trieste, *Onoranze a Francesco Patrizi da Cherso, Catalogo della Mostra Bibliografica* (Triest 1957).

Kapitel 8. Bruno

Bibliographie:

V. Salvestrini, *Bibliografia delle opere di Giordano Bruno* (Pisa 1926, revidierte Ausgabe von L. Firpo, Florenz 1958).

Wörterbuch:

M. Ciliberto, *Lessico di Giordano Bruno* (Rom 1979).

Textausgaben:

Opera latine conscripta, hg. v. F. Fiorentino u.a. (3 Bde. in 8, Neapel 1879–81, abgedr. Stuttgart 1962); *Opere latine*, hg. v. C. Monti (Turin 1980); *Opere italiane*, hg. v. V. Spampanato und G. Gentile (2. Aufl., 3 Bde., Bari 1923–27); *Dialoghi italiani*, hg. v. G. Aquilecchia (3. Aufl., Florenz 1958); *Des fureurs héroïques*, hg. v. P.H. Michel (Paris 1954); *Due dialoghi sconosciuti e due dialoghi noti*, hg. v. G. Aquilecchia (Rom 1957); *Praelectiones Geometricae e Ars deformationum*, hg. v. G. Aquilecchia (Rom 1964).

Zum Leben und Prozeß Brunos:

V. Spampanato, *Vita di Giordano Bruno* (2 Bde., Messina 1921). *Documenti della vita di Giordano Bruno*, hg. v. V. Spampanato (Florenz 1934). A. Mercati, *Il sommario del processo di Giordano Bruno* (Vatikan 1942). L. Firpo, „Il processo di Giordano Bruno“, *Rivista storica italiana*, 60 (1948), 542–597; 61 (1949), 5–59.

Zu Brunos Philosophie:

G. Aquilecchia, *Giordano Bruno* (Rom 1971). N. Badaloni, *La filosofia di Giordano Bruno* (Florenz 1955). P.R. Blum, *Aristoteles bei Giordano Bruno* (München 1980). M. Ciardo, *Giordano Bruno tra l'umanesimo e lo storicismo* (Bologna 1960). G. Galli, *La vita e le opere di Giordano Bruno* (Mailand 1973). S. Greenberg, *The Infinite in Giordano Bruno* (New York 1950). I.L. Horowitz, *The Renaissance Philosophy of Giordano Bruno* (New York 1952). K. Huber, *Einheit und Vielheit in Denken und Sprache Giordano Brunos* (Winterthur 1965). P.O. Kristeller, „Stoic and Neoplatonic Sources of Spinoza's Ethics“, *History of European Ideas*, 5 (1984), 1–15. P.-H. Michel, *La cosmologie de Giordano Bruno* (Paris 1962). J.C. Nelson, *Renaissance Theory of Love* (New York 1958). A. Nowicki, *Giordano Bruno nella patria di Copernico* (Wroclaw 1972). L. Olschki, *Giordano Bruno* (Bari 1927). F. Papi, *Antropologia e civiltà nel pensiero di Giordano Bruno* (Florenz 1968). H.U. Schmidt, *Zum Problem des Heros bei Giordano Bruno* (Bonn 1968). D.W. Singer, *Giordano Bruno, His Life and Thought* (New York 1952). F.B. Stern, *Giordano Bruno* (Meisenheim 1977). F. Tocco, *Le opere latine* di Giordano Bruno (Florenz 1889). H. Védrine, *La conception de la nature chez Giordano Bruno* (Paris 1967). F. Yates, *Giordano Bruno and the Hermetic Tradition* (London und Chicago 1964); *Lull and Bruno* (London 1982).

Anhang

Für viele Titel verweise ich auf die Bibliographie zur Renaissance-Philosophie und zum Humanismus, s.o. Vgl. auch P.O. Kristeller, *Renaissance Thought and Its Sources* (New York 1979); *Medieval Aspects of Renaissance Learning* (Durham 1974). Zum allgemeinen Thema vgl. W. Ullmann, *Medieval Foundations of Renaissance Humanism* (London 1977) und meine Besprechung in *Speculum,* 54 (1979), 436–438. Zum Beitrag der Humanisten zur Literatur vgl. V. Rossi, *Il Quattrocento* (4. Aufl., Mailand 1949); zum Ursprung der Termini „studia humanitatis" und „humanista" s. auch A. Campana, „The Origin of the Word ‚Humanist'", *Journal of the Warburg and Courtauld Institutes,* 9 (1946), 60–73. Zu den lateinischen Übersetzungen aus dem Griechischen: *Corpus Platonicum Medii Aevi,* hg. v. R. Klibansky; *Aristoteles Latinus,* hg. v. G. Lacombe, L. Minio Paluello u.a.; *Catalogus Translationum et Commentariorum,* hg. v. F.E. Cranz und P.O. Kristeller.

Zur Rhetorik und Poetik der Renaissance und ihren mittelalterlichen Voraussetzungen: C.S. Baldwin, *Medieval Rhetoric and Poetic* (New York 1928); *Renaissance Literary Theory and Practice* (New York 1939). A. Buck, *Italienische Dichtungslehren vom Mittelalter bis zum Ausgang der Renaissance* (Tübingen 1952). D.L. Clark, *Rhetoric and Poetry in the Renaissance* (New York 1922). C.C. Greenfield, *Humanist and Scholastic Poetics, 1250–1500* (Lewisburg, Pa. 1981). J. Monfasani, „The Byzantine Rhetorical Tradition and the Renaissance", in *Renaissance Eloquence,* hg. v. J.J. Murphy (Berkeley 1983), 174–187.

Zum Studium des Griechischen im Mittelalter und in der Renaissance: W. Berschin, *Griechisch-Lateinisches Mittelalter* (Bern 1980). G. Brucker, „Florence and Its University, 1348–1434", in *Action and Conviction in Early Modern Europe,* hg. v. T.K. Rabb und J.E. Seigel (Princeton 1969), 220–236. D. Geanakoplos, *Byzantine East and Latin West* (Oxford 1961); *Introduction to the „Sibling" Byzantine and Western Cultures in the Middle Ages and Italian Renaissance* (New Haven 1976). K.M. Setton, „The Byzantine Background to the Italian Renaissance", *Proceedings of the American Philosophical Society,* 100 (1956), 1–76. R. Weiss, *Medieval and Humanist Greek* (Padua 1977).

Register